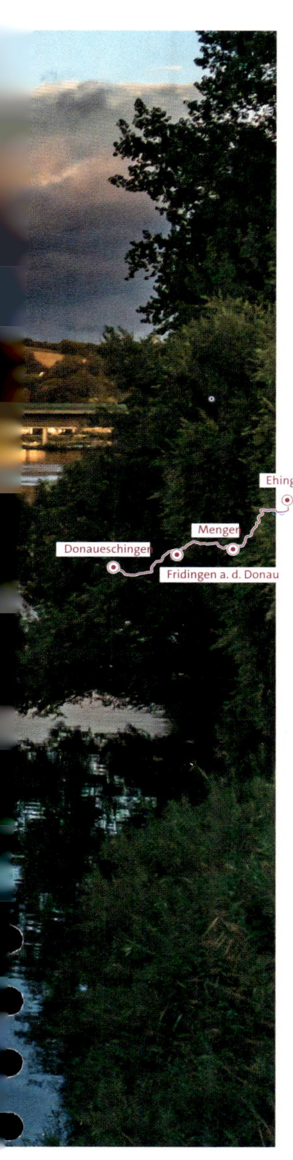

Die Donau

Mit einer Gesamtlänge von 2857 Kilometern ist die Donau (nach der Wolga) der zweitlängste Strom Europas. Der beliebte Radweg, der ihr Ufer begleitet, beginnt in Donaueschingen am Rand des Schwarzwalds, wo sich die Quellflüsse Breg und Brigach vereinigen. Der deutsche Abschnitt des Donauradwegs führt über 586 Kilometer und zehn genussvolle Tagesetappen durch die Bundesländer Baden-Württemberg und Bayern bis zur Grenzstadt Passau.

An der
Quelle

KOMPASS

Radreiseführer
Donauradweg
Deutschland
Genussmomente und lohnenswerte Schlenker
für Reise-Radler und E-Bike-Entdecker

Von Donaueschingen
Mengen
Ehingen
Günzburg
Donauwörth
N
Ingolstadt
Kelheim
Donaustauf
Deggendorf
bis Passau

Der Donauradweg

Lasse den Alltag hinter dir. Nimm dir die Zeit – Fahr los, um etwas zu erleben und schreibe es nieder. Erinnere dich an deine Reise, an die Natur, die Städte und die Menschen, mit denen du die Momente geteilt hast.

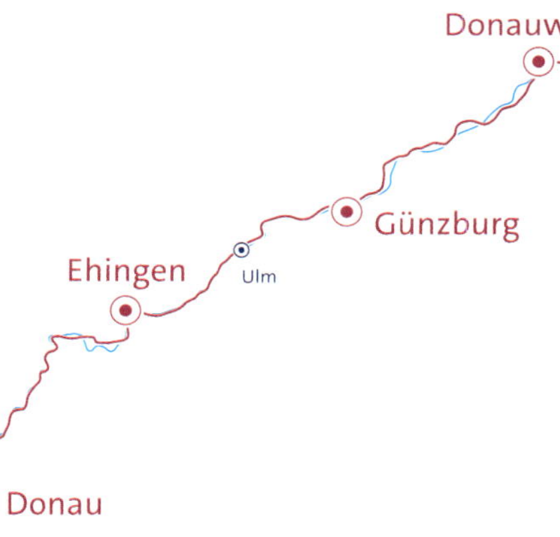

Donaustauf
Regensburg
Kelheim
ngolstadt
Deggendorf
Passau
DE
AT
N
München

Lass dich von den Anblicken deiner Reise in Staunen versetzen.

Stilsicher startet man inmitten des Fürstlich Fürstenbergischen Parks zu Donaueschingen, wo eine mit barockem Überschwang eingefasste Karstquelle die Geburt der Donau feiert. Zwischen den wildromantischen Felsen des Inzigkofer Parks radelt man bald darauf durch die wunderschöne Tallandschaft des jungen Flusses, bevor in Sigmaringen ein wahres Märchenschloss zum Absteigen verleitet. Vorbei an Ulm, in der mittelalterliche Baukunst auf zeitgenössische Architektur trifft, geht's weiter nach Osten, der Donaustadt Günzburg entgegen.

Bayerisches
Bikevergnügen

In Faimingen erinnern die Reste eines Tempels daran, dass man entlang der Donau auf den Spuren des römischen Limes unterwegs ist. Die stattliche Stadt Donauwörth hat sich aus einem be-scheidenen Fischerdorf auf der Insel Ried entwickelt. Fast mediterran wirkt der Karlsplatz in Neuburg an der Donau, wo man mit dem Schloss Pfalz-Neuburg von einem weiteren Highlight am Donauradweg erwartet wird. Ingolstadt schließlich geht auf die Zeit Karls des Großen zurück; der Glacis-Park und der Grüngürtel rund um die Stadt laden zum Verschnaufen ein.

Hochgefühle in
Niederbayern

In der Folge radeln Sie nach Regensburg. Die Steinerne Brücke, der Dom und die Walhalla über dem Flussufer – all das wären schon Gründe genug für eine Sightseeing-Pause. Doch dort lädt auch das älteste Kaffeehaus Deutschlands (seit 1686) zur Stärkung ein, bevor man durch Straubing und Deggendorf den Zielpunkt des deutschen Donauradweg-Abschnitts ansteuert: Passau! Zwischen der Veste Oberhaus über der Mündung von Ilz und Inn und dem Dom St. Stephan lassen sich die Erlebnisse der letzten Rad-Etappen ganz gemütlich zusammenfassen.

Vorfreude...

Mit dem Zweirad aufzubrechen und aus eigener Kraft entlang des Radfernweges Land und Leute, Kultur- und Naturschätze zu entdecken, ist ein unvergleichliches Erlebnis. Damit dies gelingt, geben dir die nächsten Seiten eine Einführung zum Buch, wertvolle Tipps sowie Erfahrungswerte von Profis zu Tourenplanung und Checklisten. Außerdem gibt es hilfreiche Infos zur Beschilderung entlang des Radweges und zur Wegequalität.

ZUM RADREISEFÜHRER
Alles über die Kapitel, zu Highlights, Schlenker, Wissenswertes und über das Roadbook im Detail... **S.14 – 17**

GPX-TRACK & TOURENPLANUNG
Alle Infos zum Download der Hauptroute und wie man seine persönliche Radtour optimal plant... **S. 18 & 19**

ANREISE MIT DEM ZUG
Umweltfreundlich, ohne Parkprobleme und zusammen mit Freunden. Alle Informationen... **S. 20 & 21**

EXPERTENTIPP
Erfahrungswerte, Spezielles zum Elektrorad und die Checkliste vor jeder Fahrt von den Profis... **S. 22 & 23**

EINGEPACKT
Erfahrene Radreisende folgen dem Grundprinzip „Weniger ist mehr". Es gilt, den Spagat zwischen sinnvoller Ausrüstung und Gewicht bzw. Packvolumen zu meistern. Des Weiteren sollte systematisch und ausbalanciert gepackt werden. Es schafft Sicherheit und spart Zeit und Nerven. Die Checkliste...
S. 24 & 25

Zum Radreiseführer

Das Buch ist klar und einfach in zwei Teile gegliedert:
Reiseführer & Roadbook

Mit dabei sind eine große Extra-Karte und der GPX-Track zur Hauptroute des Roadbooks: ***www.kompass.de/gpx***

Der Reiseführer und die Extra-Karte für den nötigen Überblick zeigen dir das „Rundherum" des Weges und nicht nur den Asphalt unter den Reifen. Hier werden die Stationen des Radwegs charmant beschrieben. Die Einteilung in **„Kapitel"** dient der großräumigen Orientierung. Dabei handelt es sich nicht um Empfehlungen für Tagesetappen. Die Wahl des Fahrrades, mit oder ohne Motorunterstützung und konditionelle Unterschiede erfordern eine individuelle Etappenplanung.

Jedes Kapitel beginnt mit einem illustrierten Höhen- und Streckenprofil zur schnellen Orientierung. Die Beschreibung greift nach und nach den landschaftlichen Charakter und die Sehenswürdigkeiten entlang der Hauptroute auf und vermittelt auf diese Weise ein Gefühl für die Umgebung. Unterbrochen wird der Text durch farblich hinterlegte Infoboxen.

Wissenswertes über lokale und regionale historische, landschaftliche oder kulturelle Gegebenheiten wird an vielen Stellen in roten Infoboxen vermittelt.

Highlights am Wegesrand **1**

Lohnenswerte Schlenker **2**

Wissenswertes im Gepäck

Highlights am Wegesrand: Diese sind im Haupttext hervorgehoben und mit blauem Symbol durchnummeriert (siehe oben). Häufig wird das jeweilige Highlight zusätzlich in einer Infobox (mit der entsprechenden Symbol-Nummer) detailliert beschrieben. Soweit möglich wurden die Sehenswürdigkeiten mittels Symbol-Nummer in den Karten vom Roadbook verortet. Die Stadtpläne helfen bei der Orientierung an Ort und Stelle.

Lohnenswerte Schlenker: Neben den Highlights sind im Text auch abseits vom Radweg gelegene Sehenswürdigkeiten als Lohnenswerte Schlenker ausgewiesen. Denn häufig zahlen sich kleinere oder größere Abstecher von der Hauptroute aus, um interessante Orte und Geheimtipps fernab des Trubels für sich zu entdecken. Die Kennzeichnung im Text, in Infoboxen beziehungsweise im Roadbook erfolgt ebenfalls über die entsprechende Symbol-Nummer.

Roadbook: Detailkarten und exakte Wegbeschreibung

GPX-Track: Die Hauptroute für die digitale Navigation

Extra-Karte: Maximale Übersicht und Planungsinstrument

Das Roadbook enthält die Detailkarten zur Hauptroute im Maßstab 1:50.000 und die dazugehörige Streckenbeschreibung. Es ist an die aktuellen Bedingungen rund um die schönsten Radwege angepasst. Die mittlerweile gute bis hervorragende Beschilderung der beliebtesten Radwege sowie die häufig offiziell erhältlichen Radwege-Apps und digitalen Wegverläufe erlauben es, das Roadbook auf das Wesentliche zu reduzieren.

Linien: Stellenweise gibt es mehrere Varianten des Radwegs. Unsere Autoren haben die Schönste gewählt und diese als rote Linie dargestellt. Es ist möglich, dass diese Route punktuell von der offiziellen Hauptroute abweicht, um verkehrsreiche Abschnitte zu umfahren oder besondere Highlights an der Strecke aufzunehmen. Ausgewählte Varianten oder lohnenswerte Schlenker werden als grüne oder blaue Linie dargestellt. Maßstabsbedingt können nicht alle Abstecher von der Hauptroute im Roadbook abgebildet werden.

Wegpunkte: Der Bezug zwischen Text und Kartografie erfolgt über die Wegpunkte. Schwarze Kreise mit weißer Zahl beschreiben die Hauptroute, grüne beziehen sich auf Varianten und blaue Wegpunkte erläutern die Lohnenswerten Schlenker.

Kilometrierung: Die Hauptroute ist vom Start bis zum Ziel fortlaufend alle 5 Kilometer mittels weißer Kilometerangabe in rotem Kreis beschildert. Somit ist zu jedem Zeitpunkt die bereits zurückgelegte Strecke problemlos ablesbar und die Anschlusskarte schnell gefunden. Steigungspfeile entlang der Route markieren steilere Abschnitte.

Sehenswürdigkeiten: Die im Reiseführer beschriebenen Sehenswürdigkeiten, also die Highlights und Schlenker, sind im Roadbook mit blauem Symbol und weißer Nummer verortet. Darüber hinaus sind in den Karten viele weitere Sehenswürdigkeiten, Museen, etc. mit braunem Symbol markiert und beschriftet. Die vollständige Legende findet sich auf der hinteren Klappe.

Aktuelles: Hochwasser- oder baustellenbedingte Umleitungen sind in der Regel gut ausgeschildert und werden ebenso wie die aktuellsten Verkehrsinformationen, Hinweise und Sicherheitsmaßnahmen auf den offiziellen Seiten des Radwegs und der Touristinformationen kommuniziert. Hilfreiche Adressen und Kontakte finden sich auf den nächsten Seiten und bei den Reiseinfos im Anhang.

GPX-Track & Tourenplanung

Den GPX-Track zur Hauptroute des Roadbooks gibt es hier zum Download:

www.kompass.de/gpx

Für die Planung einer Radtour und der einzelnen Tagesetappen sollte man sich genügend Zeit nehmen. Mache dich mit deiner Tour vertraut und wähle deine persönlichen Highlights aus. Dort wirst du bestimmt mehr Zeit verbringen wollen. Mit großer Sicherheit wirst du auch unterwegs auf den einen oder anderen Ort treffen, an dem du ungeplant verweilen möchtest.

Ohne große Erfahrung mit mehrtägigen Radtouren sollte man eher kürzere Etappen einplanen. Wenn man sein Konditionslevel nicht kennt ist es hilfreich, vorab einzelne Tagesausflüge mit seinem beladenen Tourenrad zu unternehmen. Dabei sollte man möglichst ohne große Anstrengung fahren, da es auf die Ausdauer und nicht auf die Geschwindigkeit ankommt. So wird schnell klar, bei welcher durchschnittlichen Tages-Kilometer-Leistung die eigene Komfortzone liegt und was die Stärken und Schwächen des Rades und der Sitzposition sind. Des Weiteren gilt es regelmäßig Pausen einzuplanen und eventuell. einen Ruhetag an einem lohnenswerten Ziel.

Wie viele Kilometer schafft man? Pauschal kann dies nicht gesagt werden, da zu viele Faktoren eine Rolle spielen wie unter anderem die eigene Kondition, das Gepäck, die zu überwindenden Höhenmeter oder auch das Wetter. Starker Gegenwind kann die Durchschnittsgeschwindigkeit halbieren. Mit dem E-Bike kann die Distanz schnell um 20 bis 30 % oder sogar 50 % und mehr gesteigert werden. Eigene Probefahrten schaffen Gewissheit und helfen, die persönliche Durchschnittsgeschwindigkeit und eine realistische reine Fahrzeit exklusive Pausen für sich zu ermitteln. Damit ist die Tages-Kilometer-Leistung schnell berechnet. Die nachfolgende Auflistung zeigt Erfahrungswerte, also Tages-Distanzen in Abhängigkeit vom Konditionslevel für Radtouren in ebenem bis mäßig hügeligem Gelände und dient der groben Orientierung:

<30 km = relativ einfach (Anfänger und Etappen mit Kindern)
30–40 km = gemütlich (häufige Pausen und größere Gruppen)
40–50 km = durchschnittlich (ab 50 km sind Sportliche schon gut dabei)
50–80 km = erhöhte Kondition (bereits nach leichtem Training machbar)
80–120 km = gute Kondition (mit viel Gepäck benötigt man für 120 km den ganzen Tag)
> 120 km = sehr gute Kondition

Plan B: Sollte man sich bei der Etappenlänge verplant haben, so stehen häufig regionale Fahrradtaxi-Unternehmen, Fähren, Bus und Bahn zur Verfügung (Kontakt über Touristinformationen und die offizielle Radwegseite). Im Notfall kann immer eine alternative Unterkunft gewählt werden.

Anreise mit dem Zug

Umweltfreundlich, mit Freunden als Gruppe und ohne Stau. Mit genügend Vorlaufzeit und Planung gelingt die An- & Abreise per Zug problemlos. Die Frage, wie man nach der Radtour das am Start abgestellte Auto erreicht, stellt sich erst gar nicht. Informationen bieten die folgenden Adressen:

Zentrale Service-Hotline der DB:

0180 6 99 66 33

(20 Cent/Anruf aus dem Festnetz, Mobilfunk max. 60 Cent/Anruf.)

Informationen zur Fahrradmitnahme, -versand und -miete. Sowie Buchung bzw. Reservierung von Tickets und Stellplätzen.

Zentrale Service-Hotline der ÖBB:

+43 (0)5 17 17

(Gebührenpflichtig. Die Höhe der Gebühr richtet sich ausschließlich nach dem jeweiligen Festnetz- oder Mobilfunkvertrag des Anrufers. Die ÖBB verrechnen keine zusätzlichen Kosten.)

Alle Informationen über die Mitnahme vom Fahrrad bei der Deutschen Bahn:
www.bahn.de/p/view/service/fahrrad/bahn_und_fahrrad.shtml

Tipps der DB, um die Bahnreise mit dem Fahrrad zu erleichtern:
www.inside.bahn.de/checkliste-fahrradmitnahme-bahn/

Informationen über die Fahrradmitnahme in den Zügen der Österreichischen Bundesbahnen:
www.oebb.at/de/reiseplanung-services/im-zug/fahrradmitnahme

Der ADFC informiert zum Reisen mit Bahn und Rad:
www.adfc.de/

Tipp vom Experten

Die Profis von Diamant blicken auf eine über 135-jährige Geschichte zurück. Für uns haben sie das Wichtigste zusammengeschrieben, damit die Fahrradtour gelingt.

Checkliste vor jeder Fahrt:

- ✓ Lenker und Vorbau kontrollieren
- ✓ Laufräder prüfen (Reifendruck, Befestigung etc.)
- ✓ Bremsen testen (Bremsbelag, Scheiben, Felgen etc.)
- ✓ Kettenspannung überprüfen
- ✓ Sattel (Sitz) und Sattelstütze kontrollieren
- ✓ Federung prüfen und Wartungsintervall checken
- ✓ Beleuchtung und Reflektoren sicherstellen
- ✓ Rahmen und Gabel begutachten
- ✓ Akku beim Elektrorad prüfen
- ✓ Pannenset & Kompatibilität kontrollieren

Die Länge einer Tagesetappe hängt von vielen Faktoren ab. Insbesondere von der eigenen Kondition, der Motivation, den Wetter- und Wegebedingungen und natürlich auch von den Wegbegleitern. Greift man auf ein Elektrorad zurück; sind weitere Faktoren zu beachten. Es ist sowohl vor Antritt als auch während einer Fahrt schwierig, die Reichweite der Akkuladung exakt vorherzusagen. Allgemein gilt jedoch:

Bei gleichem Unterstützungslevel des E-Bike-Antriebs: Je weniger Kraft du einsetzen musst, um eine bestimmte Geschwindigkeit zu erreichen (z.B. durch optimales Benutzen der Schaltung), umso weniger Energie wird der Antrieb verbrauchen und umso größer wird die Reichweite einer Akkuladung sein. Je höher der Unterstützungslevel bei ansonsten gleichen Bedingungen gewählt wird, umso geringer ist die Reichweite.

Spezielles zum Elektrorad

- Ganz wichtig: Mach dir bewusst, dass andere Verkehrsteilnehmer womöglich nicht damit rechnen, dass ein Elektrorad schneller fahren kann als ein herkömmliches Fahrrad. Außerdem erhöht eine schnellere Geschwindigkeit das Unfallrisiko.
- Überlaste den hinteren Gepäckträger nicht. Die maximal erlaubte Zuladung des hinteren Gepäckträgers beträgt 20 - 25 kg.
- Reinige das E-Bike niemals mit einem Hochdruckreiniger. Die elektrischen Komponenten sind feuchtigkeitsempfindlich. Unter Hochdruck auftreffendes Wasser kann in Steckverbindungen und andere Teile des Elektrosystems eindringen.
- Akku vor längerer Nichtbenutzung auf bis etwa 60% aufladen (normalerweise 3 bis 4 LEDs der Ladezustandsanzeige). Nach 6 Monaten den Ladezustand prüfen. Leuchtet nur noch eine LED der Ladezustandsanzeige, Akku wieder auf bis etwa 60% aufladen.
- Es ist nicht empfehlenswert, den Akku dauerhaft am Ladegerät angeschlossen zu lassen.
- Wird der Akku längere Zeit in leerem Zustand aufbewahrt, kann er trotz der geringen Selbstentladung beschädigt und die Speicherkapazität stark verringert werden.

Eingepackt

Was muss mit? Diese Packliste beantwortet die Frage. Individuelle Anpassungen sind erforderlich, da jede Radreise einzigartig ist. Beutel und Packsäcke sorgen für Ordnung in den Packtaschen.

NAVIGATION
Kartenmaterial, Radreiseführer
Handy (Ladekabel, Akkus)
GPS-Fahrradcomputer (Ladekabel, Akkus prüfen)

ALLGEMEINES
Ausweise, Papiere, Telefonnummern
Reisedokumente
Bargeld / EC-Karte / Kreditkarte
Stift & Notizbuch
Stirnlampe / Taschenlampe (Ladekabel, Akkus prüfen)
Wasserdichte Schutzhüllen für Handy und Wertsachen
Powerbank (mobile Stromversorgung)

FAHRRADSPEZIFISCH
Tacho/Fahrradcomputer
Getränkeflasche / Schlauch-Trinksystem
Fahrradlicht vorne & hinten
Fahrradwerkzeug für Standardreparaturen & Flickzeug
Ersatzschlauch & Reifenheber
Luftpumpe, Lappen
Schloss
E-Bike-Ladegerät nicht vergessen!

NOTIZEN

KLEIDUNG & SCHUTZ
Tages- & Wechselkleidung
Gepolsterte Radunterhose
Leichte Isolationsjacke
Regenjacke und Regenhose
Schlafzeug, Badezeug
Radtourenschuhe
Wechselschuhe oder Sandalen
Sport-, Sonnenbrille (bruchsicher)
Helm (gesetzliche Helmpflicht in Österreich für Kinder unter 12 Jahren)
Unterhelmstirnband / -mütze
Schlauchtuch / Buff
Fahrradhandschuhe

REISEAPOTHEKE
Erste-Hilfe-Set (ergänzt um pers. Medikamente)
Desinfektionsmittel, Mundschutz, Seife
Pflaster / Stretchverband
Sonnen- & Insektenschutz
Augentropfen
Ohrstöpsel

HYGIENE
Kulturbeutel (gepackt)
Duschgel & Shampoo
Zahnbürste & Zahnpasta
Reisehandtuch
Taschentücher

SONSTIGES
Ersatzbrille
Fotoapparat (Speicherkarte & Akkus prüfen)
Unterhaltung: Buch, Spielkarten, Zeitschrift…
Kopfhörer
Feuerzeug & Taschenmesser (optimal mit Schere)
Spülmittel, Schwamm und Geschirrtuch
Campingausrüstung (falls erforderlich)
Geschirr & Besteck

Schilderwald... Wegecharakter Informationen

Die Beschilderung entlang des Radweges (ganz links das offizielle Logo)

Der Radweg ist durchgehend mit dem offiziellen Logo beschildert. Die Schildtafeln haben zwischen Donaueschingen bis Neustadt einen gelben Hintergrund mit grüner Schrift. Ab Neustadt ist der Hintergrund weiß. An einigen Orten informieren Zusatzschilder über Möglichkeiten das Donau-Ufer zu wechseln. Der Donau-Radweg ist Teil der europäischen Radroute Eurovelo 6 (blaues Logo) und der D-Route 6 (Radsymbol mit weißer 6 auf rotem Hintergrund). Die entsprechenden Symbole sind häufig zusätzlich auf den Schildern des Donau-Radwegs zu finden.

Die Wegequalität auf den überwiegend asphaltierten Radwegen und ruhigen Nebenstraßen oder befestigten Forst- und Feldwegen ist durchgehend gut. Auch die unbefestigten Streckenabschnitte sind mit wenigen Ausnahmen gut befahrbar. Verkehrsbelastete Abschnitte sind selten. Der flussbegleitende Radweg verläuft weitestgehend ohne nennenswerte Steigungen und ist für Einsteiger und Familien geeignet. Die Befahrung mit Kinderanhänger ist stellenweise nicht ganz unproblematisch.

Sollte der Fluss Hochwasser führen, können einige Streckenabschnitte nicht befahrbar sein. Örtliche Umleitungen sind meist gut ausgeschildert oder neben Sperrungen und Wegeänderungen auf der offiziellen Seite beschrieben (siehe rechts).

Informationen:

Arbeitsgemeinschaft Deutsche Donau
Neue Straße 45
89073 Ulm
Tel.: +49 (0) 731 1612814
Fax: +49 (0) 731 1611646
info@deutsche-donau.de
www.deutsche-donau.de/donauradweg

Aktuelles Streckeninformationen:
www.deutsche-donau.de/donauradweg/hinweise-umleitungen/

Der Donauradweg

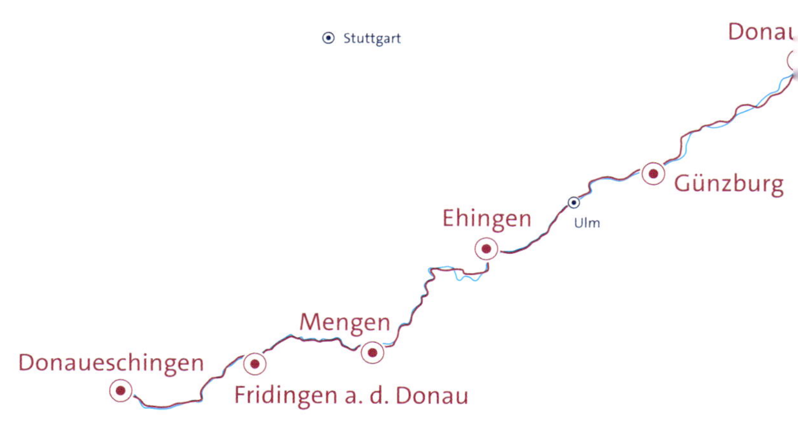

Teil 1
Reiseführer

Die Donau versteckt sich

52 km

hm **186** Abstieg
129 Aufstieg

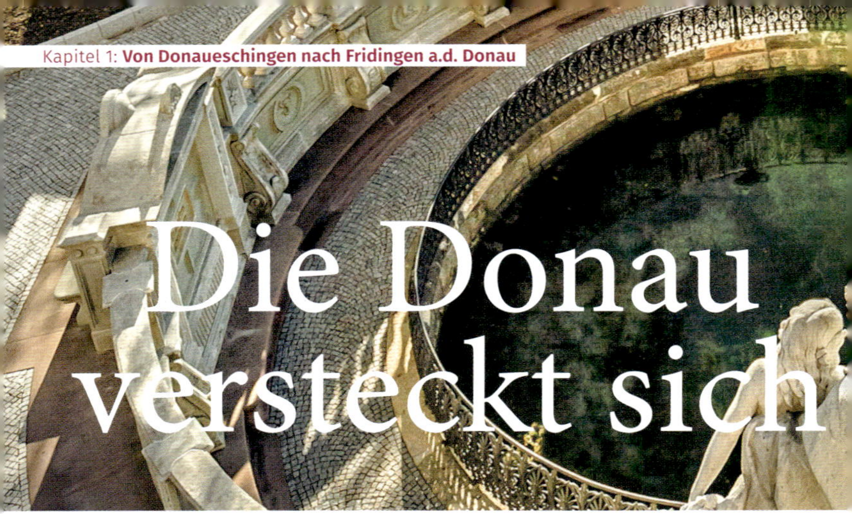

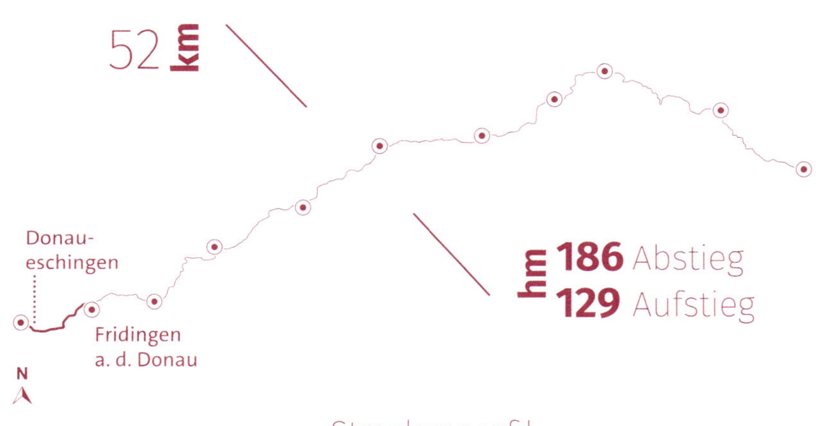

Streckenprofil

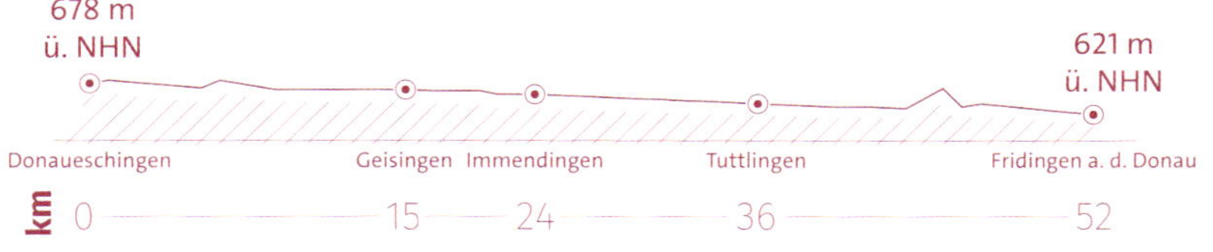

Bevor es auf die Tour durch Süddeutschland geht, sollte man sich die Residenzstadt **Donaueschingen** (1) ansehen. Wer Zeit mitgebracht hat, kann sich der einen oder anderen angebotenen Erlebnisführung anschließen oder die Fürstlich Fürstenbergische Brauerei besichtigen.

Währenddessen hat man bestimmt auch die **Donauquelle** (2) entdeckt. Wenn nicht, dann auf zur Quelle, zum **Fürstlich Fürstenbergischen Schloss** (3), den Geburtsort der jungen Donau. Was allerdings hier aus der Erde sprudelt ist bestes Wasser aus dem Schwarzwald, das in der Erde versickert ist und hier zutage tritt. In Donaueschingen gilt diese von insgesamt 15 Quellen, seit Kaiser Tiberius sie fand, als Donauquelle. Was die Länge der Donau betrifft gibt es unterschiedliche Zahlen. Mit 2840 Kilometer wird ihre Länge an der Donauquelle angegeben und 2779 Kilometer auf dem Kilometerstein am Zusammenfluss von Brigach und Breg. Auf dem Weg dorthin sieht man im Fürstlich Fürstenbergischen Park den Donautempel und zwar genau dort, wo sich das Wasser aus der Donauquelle mit dem der Brigach vereinigt, am Ufer der Brigach. Dort steht auch das Museum Art.Plus. Wir nehmen jedoch die Prinz-Fritzi-Allee durch den Fürstenpark und gelangen an die Landspitze am Zusammenfluss von Breg und Brigach. Nun geht es über die Felder nach Pfohren zum Jagdschloss Entenburg. Das imposante, von den Fürstenbergern erbaute, Wasserschloss liegt direkt an der jungen Donau und dient heute als Galerie für Kunst und Antiquitäten.

Noch immer ein recht spärliches Rinnsal, windet sich die Donau nach Geisingen. In Hintschingen und Zimmern kann man sich schon mal die Frage erlauben, wie aus ihr ein europäischer Strom werden soll. Ein ganz anderes Thema ist in Immendingen von Bedeu-

Highlights am Wegesrand 1 2

Donaueschingen

Geburtsort der Donau

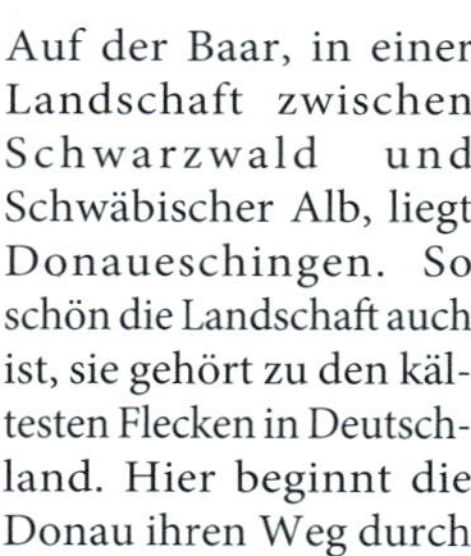

Auf der Baar, in einer Landschaft zwischen Schwarzwald und Schwäbischer Alb, liegt Donaueschingen. So schön die Landschaft auch ist, sie gehört zu den kältesten Flecken in Deutschland. Hier beginnt die Donau ihren Weg durch Europa bis ins Schwarze Meer. Aber auch der Neckar entspringt hier, und zwar im Schwenninger Moos.

Über 2000 Jahre ist es her, dass der römische Feldherr und spätere Kaiser Tiberius auf seinem Ritt vom Bodensee nach Norden, die Quellen der Donau fand. So berichtet es der Geograf Strabon. Ausonius, Dichter und römischer Kriegsberichterstatter berichtete 368 über diese Quellen, da er hier seiner großen Liebe begegnete. Im 15. Jahrhundert kaufte dann Graf von Fürstenberg die Stadt Donaueschingen. Die Fürstenberger besannen sich der Quelle neben ihrem Schloss. Fürst Karl Egon III. ließ 1875 eine kunstvolle Quellfassung errichten, die 1896 um die

Stadtplan
Donaueschingen

Skulpturengruppe von Adolf Heer, „Die Baar deutet ihrer jungen Tochter, der Donau, den Weg in die Ferne“, ergänzt wird. Heute erstrahlt die Donauquelle in neuem Glanz.

Beim Spaziergang durch die Innenstadt von Donaueschingen fallen vor allem die farbenfrohen Jugendstilgebäude in der Karlstraße und die im böhmischen Barock erbaute Stadtkirche St. Johann mit ihren beiden Zwiebeltürmen ins Auge.

tung. Hier gibt es eine fünfte Jahreszeit, die der Schwäbisch-Alemannischen Fasnacht. Vom „Schmotzige Dunnschtig bis zum Fasnet Zieschtig“ zelebrieren die Strumpfkugler, die Hewenschreck, Zimmerer Teufelsbrut und...den Ausnahmezustand. Aber schon gleich hinter Immendingen beschäftigt uns die Donau wieder, in dem sie verschwindet. An ca. 155 Tagen im Jahr versinkt die Donau vollständig und man kann trockenen Fußes im Flussbett Richtung Tuttlingen wandern. Ein Teil des Wassers verliert sich hier in einem Höhlensystem südwärts und tritt nach durchschnittlich 60 Stunden in dem 12 km entfernten Aachtopf, Deutschlands gewaltigster Quelle, zutage. Der andere Teil fließt weiter nach Tuttlingen oder versickert bei Niedrigwasser im Flussbett. Soviel zur Donauversickerung und auf nach Möhringen zum Museum im Rathaus, das schon einmal ein Schloss war. Tuttlingen streckt schon

Wissenswertes im Gepäck

Tuttlingen

und die Sage vom „Kischtämännle"

Die verschiedenen Narrenfiguren der Honberger Narren leiten sich aus der Sage des „Kischtämännle" ab. Und die wird so erzählt: Vor langer Zeit hauste auf dem Honberg ein geldgieriger Vogt. Er bestrafte die Leute, die ihren Zins nicht bezahlen konnten hart und ließ sie in den Schuldturm werfen. Wenn nachts alles schlief, ging er hinunter in seinen Schatzkeller

und wühlte in seinem Geld. Die Gefangenen ließ er langsam verhungern und ihr Stöhnen und Jammern rührte ihn nicht. Eines Nachts ging er wieder in den Keller und ärgerte sich über das Jammern der Gefangenen. Hartherzig schritt er hinunter bis an die Tür des Schatzkellers, die nur von außen zu öffnen war. Er ging hinein, zog voller Wut die schwere Tür hinter sich zu und ließ die blinkenden Geldstücke durch seine Hände gleiten. Nach geraumer Zeit erwachte der Geizhals aus seinen Träumen und wollte den Schatzkeller verlassen. Da aber die Tür nur von außen zu öffnen war, hatte er sich selbst gefangen und starb elendig vor Hunger, wie seine Gefangenen. Zur Strafe musste er nach seinem Tode noch so lange als Geist umgehen, bis er seine großen Schätze an Arme verschenkt hatte. Das war nicht leicht, weil das „Kischtämännle" auch als Geist nicht anders als geizig sein konnte und weil die Armen nichts von seinem Sündengeld haben wollten.

So trat er in vielen Gestalten auf, das eine Mal als guter, helfender Mensch, das andere Mal als hinterlistiger Schelm. Auch als heulender Hund und als Honbergrössle soll er schon durch die Wälder gesprungen sein.

seine Hand aus. Hier ist vieles quadratisch. Der Marktplatz, die Quartiere und die im rechten Winkel angeordneten Straßen und Gassen erinnern doch an New York. Ist vielleicht etwas übertrieben, aber man findet sich schnell zurecht und gelangt zu den Blickpunkten wie den Donaupark, TUWASS, das Thermal- und Freizeitbad, dem Honbergblick und der Donaupromenade. Nur ein paar Mauerreste sowie die markanten Türme oberhalb der Stadt erinnern an die Honburg. Dass dort einmal eine der mächtigsten Festungen Süddeutschlands stand, erkennt man nur mit viel Fantasie. Aber sie ist das Wahrzeichen der Stadt und Namensgeber des Narrenvereins. Jährlich zur Eröffnung der Fasnetsaison weckt der Narrenverein der Honberger das **„Kischtämännle"**.

Durch Nendingen führt die Tour nach Mühlheim a.d. Donau. Rechts oben auf dem Nussbühl gibt es zwei Schlösser, das Vordere und das Hintere Schloss. Im ersteren gibt es ein Museum, das sich mit der Geschichte der Stadt und der ehemaligen Herrschaft beschäftigt. Der Abstecher zur Oberstadt lohnt schon wegen des tollen Ausblicks über das Donautal. In das romantische Kleinod gelangt man durch ein Stadttor. Hier oben macht noch ein **Nachtwächter** zu abendlicher Stunde seine Runde. Sams-tags und dienstags ab 21 Uhr trifft man sich vor dem Rathaus.

Wissenswertes im Gepäck

Der Nachtwächter

von Mühlheim a.d. Donau

„Hört ihr Leut und lasst euch sagen, der Wächter singt wie in alten Tagen. Als Wächter ziehe ich auf und blas das Horn nach altem Brauch". So beginnt des Nachtwächters Lied. Ein Mühlheimer Nachtwächter dreht schon seit über 500 Jahren seine Runde in der historischen Oberstadt. Er bläst dabei, singt und erzählt historische Geschichten.

1758 soll sich in Mühlheim Folgendes zugetragen haben: Als der Nachtwächter die zwölfte Stunde ausrief, sah er im Haus des Stadtschreibers noch Licht. Dies war nichts Ungewöhnliches, da der Schreiber öfters in der Nacht arbeitete. Da entdeckte er in der Mauer des Schweinestalls ein Loch, betrachtete es und erhielt plötzlich von hinten einen fürchterlichen Schlag. Blitzschnell drehte er sich um. Vor ihm stand ein starker Kerl, der wie ein „Jakobsbruder" gekleidet war. Er setzte sich zur Wehr und kämpfte verbissen mit dem Gauner. Inzwischen hatten zwei weitere Strolche, die in das Haus des Stadtschreibers eingestiegen waren, den Lärm gehört. Hastig steckten sie das Diebesgut in einen Sack und flohen. Der dritte im Bunde, der Schmiere gestanden hatte, ließ vom Nachtwächter ab und eilte den beiden anderen durchs Obere Tor hinaus nach. Zurück blieb ein lädierter Nachtwächter, der sich bitter über seine Mitbürger beklagte.

(aus Elmar Blessing: Mühlheim an der Donau. Geschichte und Geschichten einer Stadt).

Den Nachtwächter gibt es seit über 500 Jahren. Und sie sind organisiert in der Europäischen Nachtwächter- und Türmerzunft. Zwei Donauschleifen weiter liegt **Fridingen a.d. Donau** **4**, Endpunkt des ersten Kapitels. Das einstmals vorderösterreichische Städtchen steht seit der Barockzeit in dem Ruf, ein „Künstlernest" zu sein.

Lohnenswerte Schlenker

Entlang des Weges

3 Belle Époque und Kunst

Das Fürstlich Fürstenbergische Schloss

Die Fürstenfamilie vereinte mit dem Umbau des Schlosses 1896 ihren repräsentativen Anspruch eines Schlosses mit dem Wohnkomfort einer Villa in der Belle Époque. Die Einrichtung im französischen Stil macht das Schloss unter den deutschen Schlössern einzigartig. Die Besichtigung ist garantiert die Zeit wert.
Auch sollte man sich unbedingt das Privatmuseum, die Fürstlich Fürstenbergischen Sammlungen, ansehen; ein Dokument mäzenatischen Engagements eines adligen Hauses. Im eigens dafür errichteten Gebäude sind prunkvolle Objekte der fürstlichen Kunstkammer ausgestellt. Mit der von Erbprinz und Erbprinzessin Christian und Jeannette zu Fürstenberg gegründeten Kunstsammlung „Fürstenberg Zeitgenössisch“ werden junge Künstler gefördert, die sich durch neue Formensprachen und Konzepte hervorgetan haben. Die Ausstellung ist in den Fürstenbergischen Sammlungen einbezogen. Öffnungszeiten: April bis November, Dienstag – Samstag von 10 – 13 Uhr und 14 – 17 Uhr. Sonn– und Feiertage 10 – 17 Uhr.

Im Museum Art.Plus am Museumsweg im Schlosspark gibt es ebenfalls zeitgenössische Kunst in einem klassizistischen Gebäude zu sehen. Es gibt einen abwechslungsreichen Einblick in das Kunstgeschehen auf internationalem Niveau.
Öffnungszeiten: Mittwoch – Freitag 13 – 17 Uhr, Samstag und Sonntag von 11 – 17 Uhr, jeden 1. Donnerstag im Monat von 13 – 20 Uhr.

4 Fridingen
Künstlernest mit Ritterschloss

Die Künstlerfamilie Bucher machte Fridingen zu einem „Künstlernest“. Sie waren drei Generationen lang in einem der schönsten und ältesten Bürgerhäuser der Stadt, im „Scharf Eck“, beheimatet.

Hans Bucher ist erst in seinen späten Jahren als der Maler des Donautals bekannt geworden. Er mied die Öffentlichkeit und so entstand sein beeindruckendes künstlerisches Lebenswerk im Verborgenen. Seine Wohnung im „Scharf Eck“ glich schon zu seinen Lebzeiten einem Kunstmuseum. Schließlich verwirklichte er seinen lang gehegten Traum einer Künstlergemeinschaft, als er in den 1970er-Jahren den „Scharf Eck-Kreis“ ins Leben rief. Im Erdgeschoss des „Scharf Eck“ befindet sich seit 1856 eine traditionsreiche Gastwirtschaft. Hier ist es „Schwäbisch, urig, traditionell, oifach schee!“

Den historischen Ortskern beherrscht jedoch das Ifflinger Schloss, in dem das Museum Oberes Donautal Kunst und Kultur der Region präsentiert.

Die Freiherren Ifflinger von Granegg waren ein uradliges schwäbisches Geschlecht und gehörten dem Ritterkanton Neckar-Schwarzwald an. 1330 erbauten sie das Schloss Frideck, das nun als Ifflinger Schloss bekannt ist.

Essen, Trinken & Durchatmen

Ein kulinarischer Abzweig

Fürstenberg Bräustüble
Küche: ***gutbürgerlich, regional***
Spezialität: ***Besondere Biere der Fürstenberg Brauerei***
Preis: ***mittel***
Übernachtungsmöglichkeit: ***nein***

Fürstenberg Bräustüble
Postplatz 1–4
78166 Donaueschingen
Tel. +49 771 3669
www.bräustüble-donaueschingen.de

Hotel & Gasthof Sonne
Küche: schwäbisch
Spezialität: ***geräucherte Forellen***
Preis: ***mittel***
Übernachtungsmöglichkeit: ***ja***

Hotel Gasthof Sonne
Bahnhofstraße 22
78567 Fridingen a.d. Donau
Tel. +49 7463 99440
www.sonne-fridingen.de

Der schwäbische Grand Canyon

55 **km**

hm **397** Abstieg
338 Aufstieg

Mengen

Fridingen
a. d. Donau

N

Streckenprofil

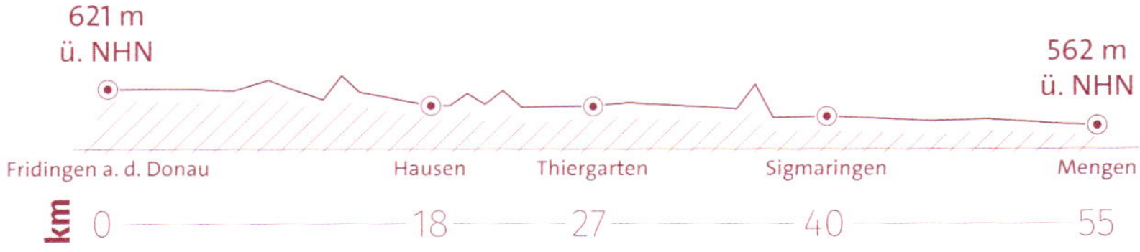

621 m
ü. NHN

562 m
ü. NHN

Fridingen a. d. Donau — Hausen — Thiergarten — Sigmaringen — Mengen

km 0 — 18 — 27 — 40 — 55

Die Donaubrücke in Fridingen a.d.Donau ist Treffpunkt und Aufbruch zugleich, zu einem der spektakulärsten Abschnitte der Donau. Hier schneidet sich die junge Donau durch den weißen Jurakalk und hinterließ steile Felswände. Gleich hinter der Donauschleife ist der Eingang zum **schwäbischen „Grand Canyon“** 5. Hoch über dem Tal erhebt sich bereits die erste Burgruine, Ruine Kallenberg. Sie ist eine hochmittelalterliche Ruine im Naturpark Obere Donau und neben Falkenstein die bedeutendste Ruine im Donautal.

Oberhalb vom Gasthaus Jägerhaus thront Schloss Bronnen. Ein steiler Fußweg führt hinauf. Es ist nur über eine Brücke zu erreichen und schon in früheren Zeiten quasi uneinnehmbar gewesen. Eine Burg mit inzwischen 900-jähriger Geschichte. Ein paar Kilometer weiter am Bahnhof in Beuron hält der Naturparkexpress, der in einem alten Postwaggon Fahrräder der Fahrgäste transportiert. Er fährt vom 1. Mai bis 15. Oktober an Wochenenden. Sonst verkehrt die Deutsch Bahn. Falls der eine oder andere Radler mit der Bahn weiter will…

Beuron, das ist eigentlich das **Benediktinerkloster** 6 und Erzabtei. Hier leben zur Zeit 40 Mönche in einer Gemeinschaft. Einzelgäste und Gruppen können für mehrere Tage Gast im Kloster sein und an der Liturgie der Mönchsgemeinschaft teilnehmen. Bereits der heilige Benedikt legte großen Wert auf Gastfreundschaft. Im alten Bahnhofsgebäude von Beuron befindet sich das **Naturschutzzentrum Obere Donau** 7 . Inmitten imposanter Felswände an der Donau dreht sich alles um den Erhalt und Schutz der Landschaft.

Gleich ums Eck liegt die Kapelle St. Maurus. Etwas überspitzt kann man behaupten, die St.-Maurus-Kapelle ist Wiege der Beuroner Kunstschule. Die Malereien in der Kapelle erinnern an ägyptische Formen. Eine Künstlergruppe aus der 1863

Highlights am Wegesrand 5

Der schwäbische Grand Canyon

Tief unten fließt die Donau

Bei der Tour durch den spektakulären Teil des Oberen Donautals, zwischen Mühlheim und Sigmaringen, fallen unweigerlich die vielen weißgrauen mächtigen Kalkfelsen ins Auge, die die Donau zu oft krassen Richtungswechseln zwingen, aber bei Kletterern für einen Adrenalinstoß sorgen. Entstanden sind sie im Jurazeitalter vor ca. 160 Millionen Jahren. Um sie herum wurde der Naturpark Obere Donau geschaffen.

Er erstreckt sich entlang des „Grand Canyon“ der Donau, der bis zu 70 Meter tief in das Kalkgestein des Weißjuras hineinreicht. Er stellt den südwestlichsten Teil des „UNESCO-Geoparks Schwäbische Alb“ dar. Ein weiteres Highlight ist sicherlich die faszinierende Donauversickerung zwischen Immendingen und Möhringen.

neu gegründeten Erzabtei Beuron war stark beeinflusst von altägyptischer Kunst, die hier zum Ausdruck gebracht wurde. Aller-dings in abgeschwächter Form, auf Drängen des Gründerabtes des Klosters Beuron, Maurus Wolter. Er kommentierte die Zeichnungen lakonisch: „Das ist alles außer katholisch."

Gegenüber liegt **Burg Wildenstein** 8 , hoch über dem Donautal auf einem Felsvorsprung. Der Ausblick ist sensationell. In der Burganlage aus dem 11. Jahrhundert kann man übernachten. Die Jugendherberge Burg Wildenstein ist von Beuron aus auf der K8278 zu erreichen. Knapp sechs Kilometer geht es steil bergan. Weiter geht es aber unten im Tal nach Hausen im Tal. Unterwegs fokussiert **Schloss Werenwag** hoch oben auf dem Felssporn. Hausen im Tal liegt jenseits der Donau, wie auch die **Ruine Falkenstein.** Unterhalb in der **Neumühle** kann man einkehren. Schwäbisch traditionell

gestärkt gelangt man schnell nach Thiergarten und zur kleinsten dreischiffigen Basilika nördliche der Alpen. Sie ist eine der ältesten Gotteshäuser im Donautal. Ein Tipp auch für Heiratslustige. Schloss Gutenstein erwartet die Radler in Gutenstein. Das Schloss ist der dritte Adelssitz in dem kleinen Ort. Gegenüber der Donau liegt die Ruine Altgutenstein und nachdem die Artillerie erfunden war und Burg Neugutenstein keine Bedeutung mehr hatte, baute man die Burg zum heutigen Schloss um.

Die nächste Burgruine liegt schon wenige Kilometer weiter. Hoch über dem Dorf grüßt der mächtige Bergfried der Ruine Dietfurt. Tief unten im Fels liegt aber ihre geheimnisvolle Burghöhle. Hier trafen sich um 1930 Mitglieder des Templerordens um Graf Hochberg in wappengeschmückten Räumen, in weißen Gewändern mit rotem Kruckenkreuz. Am Abzweig zum Nickhof führt der Weg heftig bergauf. Oben liegt das ehemalige Frauenkloster Inzigkofen. Die, der Klosterchronik zufolge, 1354 von zwei Sigmaringer Bürgertöchtern gegründete Frauengemeinschaft erlebte im Spätmittelalter einen durchaus ungewöhnlichen Aufstieg von einer armen Beginenklause zu einem vornehmen und geistlich angesehenen Frauenkloster. Ein kleines Klostermuseum zeigt „Schätze" zur Geschichte, dem Kunstschaffen und zur Frömmigkeit der Frauengemeinschaft. Spektakulärer ist jedoch der **Fürstliche Park Inzigkofen** 9, der sich bis zur Donau hinabzieht und wo der Amalienfelsen steil emporstrebt. Was folgt ist die Abfahrt nach Sigmaringen und geradewegs an das Hohenzollernschloss.

Highlights am Wegesrand 

Schloss Sigmaringen

Residenz der Hohenzollern

Durch diverse Anbau- und Umbauten wurde aus der Burganlage ein prächtiges Renaissanceschloss. Aber erst nach und nach entstand die heutige großartige Residenz der Hohenzollern. Eine vollkommene Neugestaltung erfuhr es nach dem großen Brand 1893, der fast das ganze Schloss erfasste.
Hofbaurat Johannes de Pay und vor allem der Münchner Architekt Emanuel von Seid wurden mit dem Wiederaufbau beauftragt. „Für die einen ist es Deutschlands zweitgrößtes Stadtschloss; für die anderen ein Kulturdenkmal mit einer 1000-jährigen Historie. Für unsere Familie stellt es jedoch seit dem 16. Jahrhundert den geliebten Residenzsitz dar. Ein Ort, mit dem wir viele persönliche Erinnerungen verbinden." Das schreibt die Fürstenfamilie über ihren Familiensitz. Johann Wolfgang von Goethe schrieb einst: „Sammler sind glückliche Menschen!" Nimmt man die Worte auf, dann muss Karl Anton Fürst von Hohenzollern ein besonders glücklicher Mann gewesen sein. Denn ihm verdankt das Hohenzollernschloss Sigmaringen mit rund 3.000 Exponaten eine der größten privaten Waffensammlungen Europas. An 17 Stationen erfährt der Besucher die spannende Waffengeschichte des Hohenzollernschlosses vom 14. bis zum 20. Jahrhundert.
Das Schloss ist zu besichtigen: April – Oktober von täglich, 9 Uhr bis 18 Uhr, November, Dezember und März täglich von 10 bis 17 Uhr.

Für Sigmaringen und deren Bewohner war und ist das Schloss Mittelpunkt. Einen ersten Höhepunkt fand der „Bauboom" am und um das Schloss im 16. Jahrhundert, als die Grafen und späteren Fürsten von **Hohenzollern Sigmaringen** 10 das Schloß zur fürstlichen Residenz machten. Die Stadt erblühte und die altmodische Burg wurde nach und nach zu einem noblen Schloss mit Türmchen und Erkern umgebaut.

„Man sieht nur, was man weiß", so ein altes Goethe-Zitat. Unter diesem Motto bietet die Hohenzollernstadt tolle Stadtführungen an.

Der Donau entlang geht es nun über Sigmaringendorf nach Scheer. Von der jungen Donau in die Zange genommen liegt der Ort auf einem Fels. Nomen est omen. Der Name der Stadt leitet sich aus dem keltischen Wort „scera" ab, was so viel bedeutet wie Fels. In Scheer gibt es den

Mörike-Pfad, der dem Dichter **Eduard Mörike** gewidmet ist. Aber nicht ausschließlich ihm, denn sein Bruder Karl Mörike war hier Amtsmann in Thurn- und Taxischen Diensten.

Noch ein paar Radumdrehungen und das Ziel Mengen liegt vor uns. Mengen lernt man am besten bei einem Rundgang kennen. Die Fachwerkstadt gehörte von 1274 bis 1806 zu Österreich und liegt aus gutem Grund an der Oberschwäbischen Barockstraße. Die mächtigen Gebäude, der Alte Fuchs und die Kazet, waren Bestandteil der Stadtmauer. Vor ihr gab es einen Stadtgraben der mit dem Wasser der Ablach gefüllt werden konnte. An ihm lag die Grabenmühle, Herzogsmühle genannt, da sie „der Herrschaft eigen" war. Innerhalb der Stadtmauer erhebt sich die Martinskirche. Sie war wohl Eigentum der Zinsleute, denen die Kazet gehörte.

Wissenswertes im Gepäck

Wissenswertes
im Gepäck

Eduard Mörike in Scheer

Eduard Mörike absolvierte das Studium am „Höheren theologischen Seminar“ in Tübingen mit mäßigem Erfolg, denn er fühlte sich eher dem „Poetischen“ zugeneigt. So richtete der 23-jährige Vikar im Herbst 1827 ein Urlaubsgesuch an den württembergischen König, aus Gesundheitsgründen auf „unbestimmte Zeit“, um sich über seine Begabung zum Dichter klar zu werden. Er schrieb an seinen Freund Johannes Mährlen: „Vom 20. Februar an bin ich in Scheer an der Donau“.

Hier hatte er Verwandte, bewarb sich vergebens beim Stuttgarter Verleger Cotta und freundete sich mit dem katholischen Pfarrer an. In einem Brief an seinen Freund Mährlen schrieb er: „Hier sitz und schreib ich in dem besonnten Garten des hiesigen Pfarrers. Die Laube, wo mein Tisch und Schreibzeug steht, lässt durchs junge Geisblatt die Sonne auf mein Papier spielen, der Garten liegt etwas erhöht. Über die niedrige Mauer weg auf der man sich wie auf einem Gesimse setzen kann, sieht man unmittelbar auf den Wiesenplan, auf welchem die Donau ihre Scheere bildet.“

Das Duo
Burg Falkenstein und die Neumühle

Kaum zu glauben aber wahr. Zum Bau der Neumühle wurden Mauerreste der Burg Falkenstein ins Tal gebracht. Gemahlen wurde in der Mühle dann bis zum Ende des 19.Jahrhunderts.

Jakob Stengele aus Gutenstein erwarb 1918 die ausgediente Neumühle und baute sie zum Gasthaus um. Seine Tochter heiratet dann den Erich Sesseler. Seitdem ist die Neumühle in Familienbesitz. Das Restaurant ist nur für Hotelgäste geöffnet. Die Meßkirchner Grafen von Zimmern erbauten Falkenstein als Felsenburg im 16. Jahrhun-

dert. Über Süddeutschland fegte damals der Dreißigjährige Krieg mit Reformation und Pest. In der Zimmern'schen Chronik des Grafen Christoph Froben sind viele Episoden um Feste und Fäuste, Staats- und andere Affären, Moral und Morde überliefert. Er beschrieb; unter welchen Umständen Gottfried Werner Freiherr von Zimmern Schloss Falkenstein von Wolf von Bubenhofen gekauft hat.

Letztendlich schufen sich die Grafen von Zimmern einen Rückzugsort in Zeiten von Krieg und Pest.

Schloss Werenwag

Fürstlich privat

Seinen eigenartigen Namen hat das Schloss der Sage nach von einem raufustigen Raubritter, der Besucher regelmäßig gefragt haben soll: „Wer wagt's, an mich heran zu gehen?"

Schloss Werenwag ist im Besitz des Hauses Fürstenberg, ist bewohnt und des-halb für die Öffentlichkeit nicht zugänglich. 1629 fiel die Anlage an die von Fürstenbergs, unter deren Herrschaft erstmal nach Hexen gesucht wurde. Mindestens zwei Frauen aus der Umgebung sollen auf dem Scheiterhaufen verbrannt worden sein.

Lohnenswerte Schlenker

Entlang des Weges

6 Die Erzabtei St. Martin zu Beuron

Kunst und Wissenschaft im Zeichen der Bendiktiner

Das Benediktiner–Kloster Beuron ist schon ein beeindruckender Gebäudekomplex: Abteikirche und Gnadenkapelle, die Klausur und der Kapitelsaal, der Kunstflügel, Alte und Neue Bibliothek, die Gärten und die Pforte, durch die man in den Mariengarten gelangt. Die Bedeutung des Klosters stieg zusehends mit der Erhebung zur Erzabtei. Von anderer Bedeutung für die Erzabtei war eine Kunstrichtung, die 1868 der Architekt und Bildhauer Peter Lenz nach Beuron brachte. Er hatte von der Fürstin Katharina von Hohenzollern den Auftrag zum Bau und zur Ausstattung der Kapelle zu Ehren des heiligen Abtes Maurus erhalten. Peter Lenz hatte sich seine eigene Kunsttheorie geschaffen. Er glaubte, mit Hilfe der „ästhetischen Geometrie“ und den Zahlenproportionen der Ägypter eine „Heilige Kunst“ konstruieren zu können. Zur Ausstattung der Kapelle St. Maurus hatte Lenz seinen Malerfreund Jakob Wüger, und dessen Schüler Fridolin Steiner engagiert. Alle drei traten ins Kloster ein und bildeten eine Arbeitsgemeinschaft. Sie arbeiteten später auch in Monte Cassino und Prag.

Eine ganz besondere Aufgabe der Erzabtei war das Sammeln von Schriftstücken der ersten lateinischen

Bibelübersetzung, der Vetua Latina. Sie wird auf das Jahr 200 n. Chr. datiert. Bereits im 18. Jahrhundert hatte der Benediktiner Pierre Sabatier begonnen, die Schriften der Vetua Latina zu sammeln. Der bayerische Pfarrer Josef Denk fuhr damit fort und hinterließ der Erzabtei Beuron eine Sammlung von rund 400.000 Exzerpten. Unter der Regentschaft von Erzabt Benedikt Baur entstand in Zusammenarbeit mit dem Verlagshaus Herder dann die Vetus Latina-Stiftung sowie das Vetus–Latina-Institut. Dessen Aufgabe war die Sammlung und Herausgabe der Überreste der ersten lateinischen Bibel. Heute ist die wissenschaftliche Arbeit internationalisiert.

7 Das Naturschutzzentrum Obere Donau

Die Natur unter den Füßen spüren

Im umgebauten Bahnhofsgebäude von Beuron unterhalten der Naturparkverein und das Naturschutzzentrum das „Haus der Natur". Dort werden die Besucher über den Naturpark Obere Donau informiert und für einen schonenden Umgang mit der Natur sensibilisiert. In der Ausstellung „Abenteuer Vielfalt" werden die Lebensadern des Naturparks und die Zeugen der Vergangenheit erklärt. Dazu ist auch ein prächtiger Garten am Haus der Natur angelegt worden, in dem das emsige Treiben der Honigbienen im Bienenschaukasten beobachtet werden kann. Im Duftgarten riecht man die herrlichen Aromen von Kräutern und auf dem Barfußpfad spürt man die Natur unter den Füßen.

Öffnungszeiten der Ausstellung:
Montag bis Freitag, 9 bis 17 Uhr, ganzjährig. Samstag, Sonn- und Feiertage, 13 bis 17 Uhr vom 1. April bis 1. November.

8 Burg Wildenstein

Erobert von Wanderern

Gottfried Werner von Zimmern war es, der in der Zeit von 1520 bis 1550 die Burg zur Festung ausbauen ließ. In dieser Zeit hat auch die Burg öfter als Zufluchtsort gedient. Zunächst während der Pest 1518, danach während der Zeit der Bauernaufstände und auch wieder während des Schmalkaldischen Krieges. Anfang des 18. Jahrhunderts verliert die Burg ihre strategische Bedeutung. Grund waren stärkere Feuerwaffen.

Für das Fürstentum Fürstenberg wird Burg Wildenstein 1744 Staatsgefängnis und Waffenarsenal. Aber auch das ändert sich, als zu den Empfangsfeierlichkeiten für Marie Antoinette in Donaueschingen sämtliche Geschütze und Munition von der Burg nach Donaueschingen abtransportiert werden und nie mehr zurückkommen.

Lange Zeit war die Burg Wohnung für die Jagdaufseher und die Betreuer der fürstlichen Waldungen. Heute ist Burg Wildenstein eine beliebte Jugendherberge.

9 Der Fürstliche Park Inzigkofen

und die Hohenzolllern

„Zurück zur Natur" laute-te die Devise von Fürstin Amalie Zephyrine von Hohenzollern-Sigmaringen, als sie sich 1815 an die Gestaltung des wildromantischen „Vorderen Parks" machte, der sich in die natürliche, schroffe und steil abfallende Felslandschaft der Donau einfügt.

Nach ihrem Tod 1841 fügte Erbprinz Karl Anton den „Hinteren Park" beim Nickhof hinzu. Mit der „Teufelsbrücke" über der Höllschlucht und den Grotten schuf er einen märchenhaften Erlebnisgarten. An die Verdienste der Fürstin erinnert heute der steil aufstrebende Amalienfelsen an der Donau.

Essen, Trinken & Durchatmen

Ein kulinarischer Abzweig

Bootshaus Café – Restaurant
Küche: ***regional***
Spezialität:
Schwäbisches Versucherle
Preis: ***mittel***
Übernachtungsmöglichkeit: ***nein***

In den Burgwiesen 9
72488 Sigmaringen
Tel. +49 7571 6867100
https://bootshaus-sig.de

Südsee 3
Küche: ***international***
Spezialität: ***Rumpsteak***
Preis: ***mittel***
Übernachtungsmöglichkeit: ***nein***

Uferweg 10
88512 Mengen
Tel. +49 7576 8899447
www.südsee3.de

CREW

Kelten
Bier und Klöster

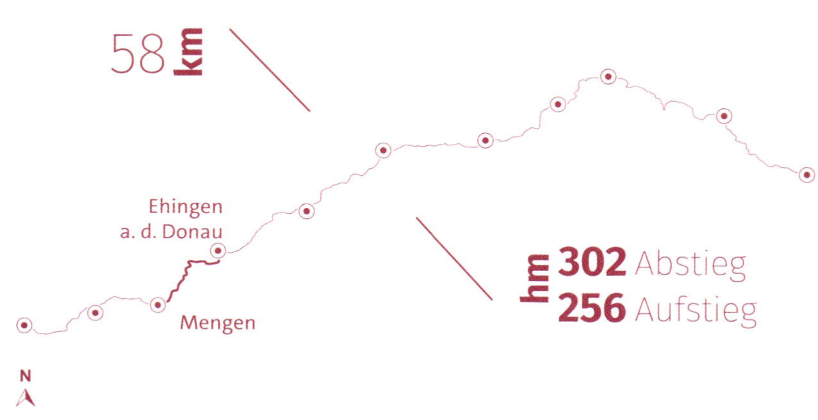

Streckenprofil

	Mengen	Binzwangen	Zwiefaltendorf	Munderkingen	Ehingen
km	0	12	29	40	58

562 m ü. NHN (Mengen) – 516 m ü. NHN (Ehingen)

Von Mengen geht es heute an die Donau und an ihr entlang nach **Hundersingen** **11**. Wer ahnt schon, dass hier wohl der älteste Ort Deutschlands liegt, die Keltenstadt Heuneburg.

Einen ersten Eindruck über die Keltenzeit gewinnt man im Heuneburgmuseum in Hundersingen. Zu den Ausgrabungen der Keltenstadt, dem **Freilichtmuseum Heuneburg – Keltenstadt Pyrene** **11**, gelangt man auf der Alternativroute zum Donauradweg Richtung Binzwangen.

Ist man in Binzwangen, geht es auch schon weiter nach Riedlingen. Fachwerkhäuser prägen die Stadt. Am wunderschönen Ackerbürgerhaus in der Rösslegasse 1 kann man die „Schöne Stiege" hinauf steigen und kommt in das Heimatmuseum. Geschichten zur ältesten Zeitung von 1712 und eine einzigartige Sammlung von 200 Hinterglasbildern lohnen jedenfalls den „Aufstieg". Das kleine aber feine Feuerwehrmuseum von Herrn Hühler liegt ebenfalls in der Altstadt, in der ehemaligen Hirsch-Scheuer. Die Privatsammlung zeigt auf zwei Stockwerken Feuerwehrfahrzeuge und Handdruckspritzen. Im oberen Stockwerk sind diverse Kleinteile wie Helme, Paradewaffen, Eimer und Spritzen zu sehen.

Schnell gelangt man nach Eichenau und über Daugendorf, Bechingen, Zell nach Zwiefaltendorf. Hier fließt das klare Wasser der Zwiefalter Ach und einst stand eine Wasserburg. Aus ihr wurde um 1660 das Barockschloss Zwiefaltendorf mit schmucken Eckerkern unter spitzen Helmdächern. Fünf Kilometer vom Schloss entfernt und auf einem Abstecher zu erreichen liegen das **Münster Zwiefalten** **12** und das ehemalige Benediktinerkloster.

In Rechtenstein erhebt sich über der Donau eine Burgruine. Wer auf den Turm steigen möchte, muss sich im

Lohnenswerte Schlenker

Entlang des Weges

11 Am ältesten Ort Deutschlands

Nur zwei Kilometer voneinander entfernt und durch einen archäologischen Wanderweg verbunden, gibt es zwei interessante Museen. Das Heuneburgmuseum in Hundersingen und das Freilichtmuseum Heuneburg – Keltenstadt Pyrene. „Der Istros entspringt bei den Kelten und der Stadt Pyrene und fließt mitten durch Europa", schrieb einst der griechische Schriftsteller Herodot von Halikarnassos 484 v. Chr. Pyrene, die keltische Stadt, ist der älteste namentlich erwähnte Ort Mitteleuropas. Vieles spricht dafür, dass Herodot mit Pyrene die Heuneburg gemeint hat. Denn sie liegt nur ca. 80 Kilometer vom Ursprung der Donau entfernt, und es gibt nur eine Fundstätte aus dem 6. und 5. Jahrhundert v. Chr. die so bedeutend war, um erwähnt zu werden: die Heuneburg.

Im Freilichtmuseum der Heuneburg werden Rekonstruktionen und Nachbauten in Originalgröße gezeigt. Im Herrenhaus, im Wohnhaus und der Schmiede erhält man einen Eindruck wie die Kelten gewohnt, gelebt und gearbeitet haben. Computeranimationen, Ton- und Filmstationen zeigen aktuelle Forschungsergebnisse.

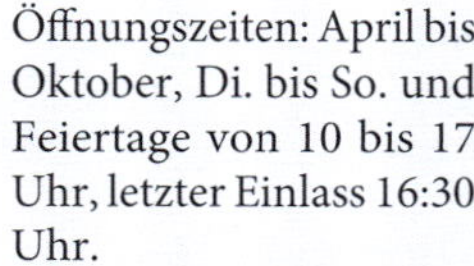

Öffnungszeiten: April bis Oktober, Di. bis So. und Feiertage von 10 bis 17 Uhr, letzter Einlass 16:30 Uhr.

Im Heuneburgmuseum in Hundersingen werden Funde von den Ausgrabungen auf der Heuneburg gezeigt. Eindrucksvolle Inszenierungen geben Einblick in das Kunstschaffen der Kelten und deren weitverzweigte Handelsbeziehungen.

Öffnungszeiten: April bis Oktober, dienstags bis sonntags sowie feiertags von 10 – 16 Uhr.

12 Zwiefalten

Das Klosterleben begann mit dem Inventurstreit

Schon von Weitem sieht man die Zwiebeltürme des Klosters Zwiefalten, der ehemaligen Benediktinerabtei. Über 700 Jahre bestimmten die Mönche das Leben der Stadt. Mittelpunkt des alten Kloster- und Wallfahrtsortes ist das Münster, eines der bedeutendsten Bauwerke des Spätbarocks und bis 1803 Klosterkirche. Das Kleinod unter den vielen Schmuckstücken des Münsters ist das von Joseph Christian aus Riedlingen gefertigte Chorgestühl. Die herrlichen Deckenfresken und eine verschwenderische Fülle von einzigartigen Stuckaturen sind einfach überwältigend.
Die Anfänge des Klosters liegen in der Zeit des Inventurstreites, bei dem es darum ging, wer die geistlichen Hirten einsetzen darf, der Papst oder der Kaiser. Es endete mit dem Gang Heinrichs IV. nach Canossa 1077. Der Papst durfte fortan die Bischöfe und Kardinäle einsetzen. So kam auch das Kloster unter den direkten Schutz des Vatikans.

Öffnungszeiten für Führungen: Montag bis Freitag von 9 Uhr bis 12 Uhr.

Schlosshof den Schlüssel geben lassen. Das lohnt aber, denn man sieht von hier das Kloster Obermarchtal. Zur Geisterhöhle im Fels darunter muss man einige Stufen hinaufsteigen, natürlich vom Tal aus. Man kann auch einige Meter hineingehen, aber interessanter ist die Aussicht zur Donau. Einen kleinen Abstecher über die Donau ist Obermarchtal und das Kloster allemal wert. Die ehemalige Prämonstratenserabtei ist die einzige in sich geschlossene und komplett erhaltene barocke Klosteranlage Oberschwabens. Ab 1803 entsteht hier die

14 Ehingen – Stadt der Kunst

Die Stadt hat ihn verkauft und wieder erworben. Dazwischen gehörte der Speth'sche Hof, in dem heute die Städtische Galerie Ausstellungen präsentiert, der Witwe Baronin von Speth. Sie gab dem Haus seinen Namen. Im Jahr 2008 überließ Doris Nöth, eine passionierte Kunstsammlerin aus Kirchheim/Teck, ihre umfangreiche Sammlung mit circa 750 Werken namhafter Künstler des überwiegend süddeutschen Raums ihrer Geburtsstadt Ehingen und legte damit den Grundstock für die Städtische Galerie. Durch regelmäßig wechselnde Ausstellungen zeitgenössischer Künstler wurde die Galerie bekannt.

13 Adel und Dichter

im Museum Marchtal

Direkt vor dem Eingangstor zum ehemaligen Prämonstratenser–Reichsstift Obermarchtal gelegen, präsentiert das Museum eine Ausstellung zur Geschichte und Kultur des Ortes. Vom Beginn im 8. Jahrhundert, der erstmaligen Niederlassung von Chorherren und Chorfrauen der Prämonstratenser 1171, über das Mittelalter und die Blütezeit des Wirkens der Prämonstratenser, die Ära der Fürsten von Thurn und Taxis bis zur Gegenwart reicht die zeitliche Spanne der Ausstellung. Ein eigener Raum wurde dem Obermarchtaler Prämonstratenser und schwäbischen Mundartdichter Sebastian Sailer gewidmet. Eine Kostprobe?:

„Odam schwätz, sey itt so faul, suscht schlöt di

Gott Vatter ufs Maul." So ermuntert Gottvater den soeben erschaffenen Adam, ein Lebenszeichen von sich zu geben. Mit diesen Worten lässt Sebastian Sailer sein Singspiel „Die Schwäbische Schöpfung" beginnen. Das Museum ist von April bis Oktober jeden 1. und 3. Sonntag von 13:00 Uhr bis 17:00 Uhr geöffnet.

Verwaltungszentrale des Hauses Thurn und Taxis für deren Besitzungen in Oberschwaben. Die Diözese Rottenburg-Stuttgart kauft 1973 die Anlage vom Haus Thurn und Taxis und gestaltet sie zur Akademie um. Und ein Museum gibt es auch noch, das **Museum Marchtal** 13.

Ist das Update zur Familiengeschichte der Thurn und Taxis gelungen? Die Tour folgt ab jetzt der Donau nach Untermarchtal und über Algershofen nach Munderkingen. Auf der höchsten Stelle der Stadt steht die prächtige, barocke Pfarrkirche St. Dionysius. Der Kirchenpatron St. Dionysius lässt auf die fränkische Frühgeschichte der Stadt schließen, war doch der hl. Dionysius der Schutzheilige der Franken.

Zu einem Dichter kam Munderkingen in Person des Offiziers Karl Borromäus Weitzmann. Ihn hatte der Siebenjährige Krieg nach Munderkingen verschlagen. Er wurde zum Urvater der schwäbischen Dialektdichtung. Über seine Dichtungen können mittlerweile auch die Munderkinger lachen, obwohl sie darin nicht immer gut wegkamen, waren

14 Die Bierkulturstadt Ehingen

Die Biermetroppole Ehingen hatte sogar ein Hopfenanbaugebiet. Nicht groß, lag es rund um den Kaiser-Wilhelm-Turm. Unterhalb des Rathauses liegen noch die riesigen Bierkellergewölbe der historischen Lindenbrauerei, die Braumeister Joseph Straub 1846 erwarb, gute Voraussetzungen für eine Bierkulturstadt. So gibt es natürlich auch Führungen durch die Brauereien, Bierverköstigungen, Bierseminare und bierige Erlebnisse, wenn der Schlegel den Messinghahn in das Fass treibt und schließlich der Ruf ertönt: „Azapft ischs".

Die älteste der Brauereien ist die Berg Brauerei. 1466 wird dem Wirtshaus, gelegen bei den Höfen am Berg, das Recht zu Backen, Sieden und anderen Metzlereien gegeben. In der Brauerei Schwanen begann die Biergeschichte im Jahr 1697. Die historische Brauerei Zum Rössle wurde im Jahr 1663 gegründet, gefolgt von der Brauerei Schwert. Dort floss ab 1675 das Bier aus dem Hahn.

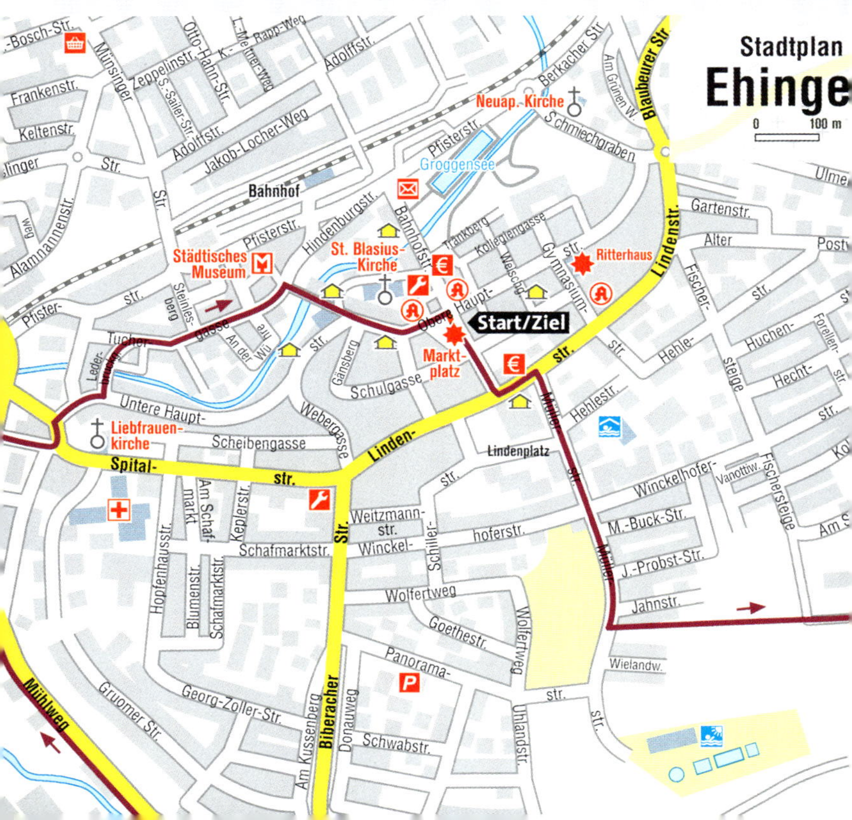

doch die Engherzigkeit und die kleinen Verhältnisse der Stadt ein gefundenes Fressen für den Dichter.

In Rottenacker steht das „Museum Wirt-les Haus“. Das 1687 erbaute ehemalige Bauernhaus, dessen Eigentümer einige Zeit eine Brau- und Schankerlaubnis besaßen, liegt mitten im Ort. Wenn man ein nach der Methode Gunther von Hagens plastifiziertes Schwein sehen möchte, ist man im „Wirtles Haus“ genau richtig. Es ist eigentlich Heimatmuseum, beschäftigt sich aber auch mit dem kommunistischen Manifest Friedrich Engels.

Noch durch das kleine Dettingen radeln und schon ist das Ziel **Ehingen a.d. Donau** **14** erreicht, die Bierkulturstadt mit eindrucksvoller Städtischer Galerie.

Essen, Trinken & Durchatmen

Ein kulinarischer Abzweig

Café Bar Plaza
Küche: ***Snacks, Kaffe und Kuchen***
Spezialität: ***Flammkuchen***
Preis: ***günstig***
Übernachtungsmöglichkeit: ***nein***

Café Bar Plaza
Langestraße 9
88499 Riedlingen
Tel. +49 7371 8143
www.plaza-cafe.net

Gasthof Schwanen
Küche: ***regional***
Spezialität: ***Urschwabe***
Preis: ***mittel***
Übernachtungsmöglichkeit: ***ja***

Gasthof Brauerei Schwanen
Herrengasse 7
89584 Ehingen a.d. Donau
Tel. +49 7391 53420
www.schwanen-ehingen.de

58 **km**

Ehingen a. d. Donau

Ulm

Günzburg

hm **238** Abstieg
168 Aufstieg

N

Streckenprofil

516 m ü. NHN

446 m ü. NHN

	Ehingen	Ersingen	Ulm	Weißingen	Günzburg
km	0	13	32	48	58

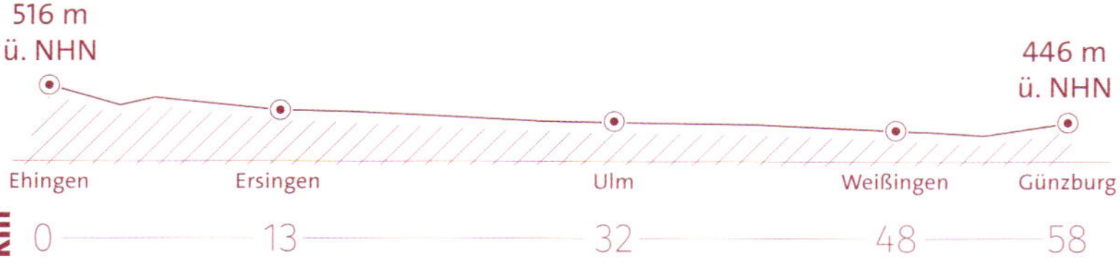

In Ulm
und um Ulm herum

Noch ein Blick über den historischen Marktplatz der Bierkulturstadt Ehingen zum ehrwürdigen Rathaus, der ehemaligen Apotheke und dem Amtshaus von 1769, dann radeln wir weiter, hoffentlich nicht mit schwerem Kopf, um Süddeutschlands schönste Seiten zu entdecken. Zunächst nach Nasgenstadt, dann über die Donau nach Griesingen und bei Öpfingen wieder an die Donau. Ab hier führt der Radweg rechts der Donau entlang nach Ersingen, um dann auf **Erbach** 15 zu stoßen. Wehrhafte Mauern umgeben das prächtige Renaissanceschloss Erbach auf dem Schlossberg. Über eine Zugbrücke führt der Weg durch den Torbau in den Schlosshof.

Bis nach Ulm ist es nur noch ein Katzensprung. Entlang der kanalisierten Donau radelt man direkt zum Donauschwabenufer, an die Stadtmauer von Ulm. Dahinter liegt das historische **Fischerviertel** 17 an der Mündung der Blau in die Donau. Es ist das schönste Altstadtensemble Ulms, in dem auch das schiefste Hotel der Welt liegt; so steht es jedenfalls im Guinnessbuch der Weltrekorde. Am Metzgerturm gelangt man durch die Stadtmauer geradewegs zum Marktplatz. Hier steht das **Alte Rathaus** 16 der Stadt mit herrlichen Wandmotiven und toller Uhr. In krassem Kontrast daneben die **„Neue Mitte Ulm“** 16 und die Glaspyramide der Stadtbibliothek. Dahinter erhebt sich das alles überragende und mächtige **Ulmer Münster** 17. Zu einem Dom reichte es nicht.

Man muss auch Abschied nehmen können. Unterhalb des Donaustadions und des Erholungsgebietes Friedrichsau geht es hinaus aus Ulm nach Thalfingen. In Oberelchingen liegt oberhalb des Radweges, gerade noch auf bayerischem Boden, die Wallfahrtskirche St. Peter und Paul der ehemaligen Benediktienerabtei. Der Duft von Kräutern führt uns dort zum Klostergarten mit einer Aussichtsplattform und Orientierungstafel. Von

Highlights am Wegesrand **17**

Ulmer Münster

Über 200 Jahre wurde am Ulmer Münster gebaut, von 1377 bis 1543, und dann nach einer dreihundertjährigen Pause wieder von 1844 bis 1890. Es hat sich gelohnt. Heute ist das Ulmer Münster die größte evangelische Kirche in Deutschland und die Kirche mit dem höchsten Kirchturm der Welt. Aber warum ist das Münster kein Dom? Nun, in Ulm gab es nie einen Bischof oder einen Landesfürsten. Das Münster ist eine Bürgerkirche. Allein die Bürgerinnen und Bürger der Stadt bauten es. Es ist nicht einfach 768 Stufen bis zur

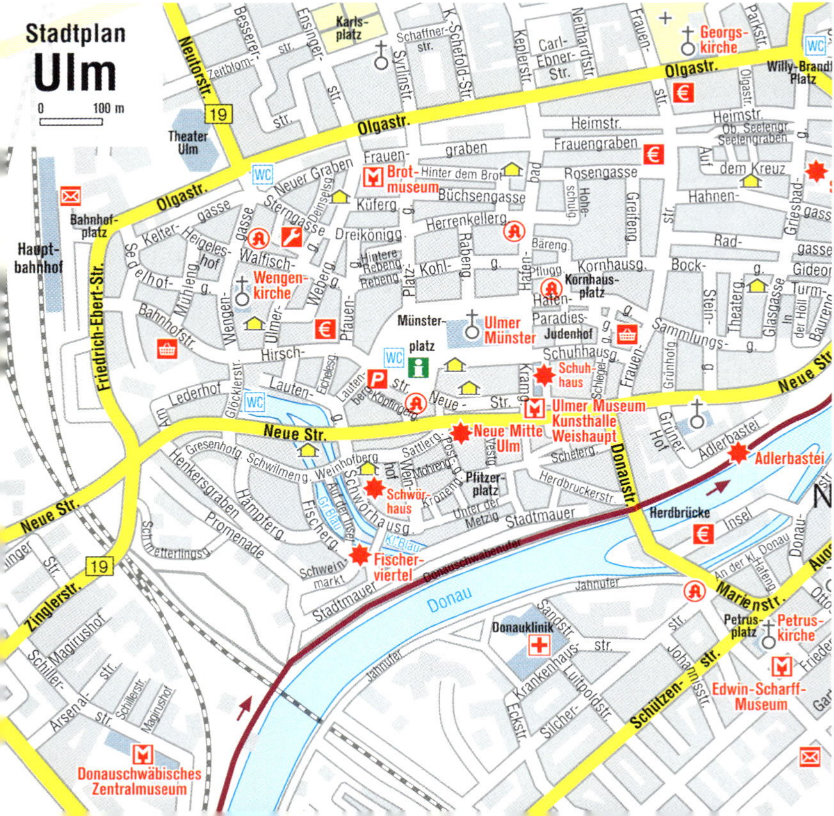

Stadtplan Ulm

0 100 m

Aussichtsplattform auf den mit 161,53 m höchsten Kirchturm der Welt zu gehen, sollte man aber mal gemacht haben. Das Münster verdankt eigentlich einem Spatz sein mächtiges Dach. Dem Ulmer-Spatz, der einst mit einem Strohhalm im Schnabel zu seinem Nest an der Stadtmauer flog, ihn längs drehte und damit den verdrossenen Fuhrleuten mit ihrem Bauholz zeigte, wie die langen Balken nicht quer, sondern längs gestapelt auf ihren Wagen durch die schmalen Stadttore passten. Richtig großartige Konzerte veranstaltet das Münsterkantorat das Jahr über: Große oratorische Aufführungen, Kantatengottesdienste, Gastkonzerte namhafter regionaler und internationaler Ensembles und Solisten.

dort tut sich eine traumhafte Rundumsicht auf, über die Landschaft des „Ulmer Winkel's" bis hin zum Ulmer Münster. Bei schönem Wetter reicht der Blick bis zu den Alpen.

Der Bahn entlang geht es nach Elchingen. Und hinter Weißingen beginnt der Donauwald, durch den man bis nach Leipheim radelt. Das erste was man von **Leipheim** 18 sieht ist das imposante weiße Schloss Leipheim. Im Schloss regierte einst das Rittergeschlecht der Güssen und später die Vögte der Reichsstadt Ulm. Sie trieben bis 1802 die Steuern der Bürger ein. Üblich war der

Highlights am Wegesrand 17

Das Fischerviertel

Heute schlendern und gut essen

Wenige Schritte südlich der modernen Stadtmitte beginnt die verwunschene Welt, in der Fachwerkhäuser vom Wasser umspült werden.

Glitzerndes Blau, tropfende Mühlräder. Die Gassen verlaufen bis zu den Toren der Stadtmauer. All das macht das einstige Handwerkerquartier zur beliebten Sehenswürdigkeit.

Die Fischer fuhren mit kleinen Booten auf die Donau hinaus. Später wurde der Schiffbau zu einem wichtigen Wirtschaftszweig. Es entstanden flache Holzboote, die Dank der Form als „Ulmer Schachteln“ bekannt wurden. Korrekterweise heißt das Quartier „Fischer– und Gerberviertel“. Denn die Lage am fließenden Wasser war auch für die Gerber ideal. Auf Holzpfählen im seichten Wasser erhoben sich Galerien, auf denen die Tierhäute bearbeitet und zum Abtropfen aufgehängt wurden. Das war nichts für empfindliche Nasen. Heutzutage muss man das nicht mehr befürchten.

Stattdessen kann man die Atmosphäre in einem Café oder Restaurant genießen. Denn wie man gut speist und trinkt, das weiß man im Fischerviertel.

„Zehnt“ des Einkommens. Heute regiert im Zehntstadel im Schlosshof Kultur und Kunst.

Die letzten Kilometer nach **Günzburg** 19 geht es weiterhin durch den Donauwald. Dann erkennt man hoch oben auf dem Stadtberg das Markgrafenschloss und die Hofkirche. Vor langer Zeit verwehrte einst der **Untere Torturm** 19 den freien Zutritt zum Marktplatz. Heute ist er das Wahrzeichen der Stadt. Dort wo die Türmerstube war kann man heute Weißwürste essen oder Kaffee trinken.

Als lohnenswerter Schlenker bietet sich der etwa 6 km südöstlich der Altstadt gelegene Themenpark LEGOLAND Deutschland 20.

Wissenswertes

im Gepäck

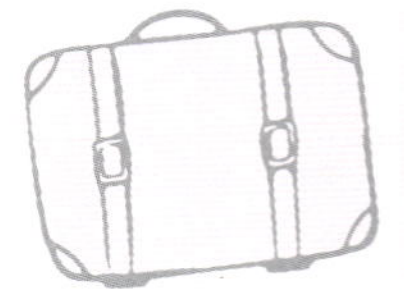

Albert Einstein

Physiker, Genie, Popstar der Wissenschaft, Nobelpreisträger der Physik seit 1921 und Ulmer Bürger wurde 1879 in der Bahnhofstraße geboren. Einstein lebte nur 15 Monate hier. Eines seiner beliebten Zitate ist folgendes: „Zwei Dinge sind unendlich, das Universum und die menschliche Dummheit, aber bei dem Universum bin ich mir noch nicht ganz sicher."

Albrecht Ludwig Berbinger

Ein weiterer berühmter Kopf der Stadt ist der Schneider von Ulm. „Der Schneider von Ulm hat's Fliega probiert, No hot'n der Deifel en d' Donau nei g'führt". So lautet der geläufigste Spottvers auf den Mann, der mit bürgerlichem Namen Albrecht Ludwig Berblinger hieß. Die Ulmer Bürger haben ihn nie als Helden der Luftfahrt, sondern als Spinner und Witzfigur gesehen. Heute ist der Erfinder und Konstrukteur Albrecht Ludwig Berblinger längst rehabilitiert. Die Stadt Ulm vergibt seit 1988 den „Berblinger-Preis" an Flugzeugbauer in aller Welt. Im Jahr 2020 wurde anlässlich des 250. Geburtstages von Berblinger der um zehn Grad geneigte „Berblinger Turm" mit begehbarer Wendeltreppe an der Adlerbastei fertiggestellt - Dort, wo Albrecht Ludwig Berblinger 1811 seinen Flugversuch über die Donau unternahm.

Ulm und seine Fußball-Legenden

Wer weiß schon, dass in Ulm die Fußballkarrieren von Dieter und Uli Hoeneß begannen, beim VFB Ulm auf dem Eselsberg. Oder dass der Toni Turek aus der legendären Herberger-Elf von 1954 einst für die TSG 1846 Ulm spielte und Wolfgang Fahrian 1962 bei der WM in Chile das deutsche Tor hütete. Fahrian war der einzige der vier Ulmer WM–Teilnehmer, der zum Zeitpunkt seiner Berufung bei einem Ulmer Verein, der TSG 1846, spielte.

Das Günzburger „Fidla“

Das „Fidla“, – schwäbisch für „Gesäß“. Damit ist ein Stein auf der Fahrbahn an der Rathausgasse zum Marktplatz gemeint. Er symbolisiert den „Gruß des Götz von Berlechingen von den Bürgern der Unterstadt“ an die der Oberstadt. Die Bewohner der unteren Stadt fühlten sich angesichts des Erfolgs der oberen Stadt immer benachteiligt. Jahrhundertelang hegte man stillen Groll. Ein Kunstlehrer und ein Steinmetz besannen sich nun auf die alte Feindschaft, und dachten sich diesen „geschichtsträchtigen“ Stein aus.

Lohnenswerte Schlenker

Entlang des Weges

15 Schloss Erbach

und die Freiherren von Ulm-Erbach

Er baute das heutige Schloss um 1550, verschuldete sich und starb im Augsburger Gefängnis. Das war Hans Georg von Paumgarten. Der Ausbau von Schloss Erbach lag dann in den Händen der Freiherren von Ulm. Über dem Torbogen am Schloss ist eine steinerne Inschriftenplatte mit dem Wappen des Hans Georg von Paumgarten angebracht. Durch das Tor kommt man zum Schlossmuseum, in dem das Fürstenzimmer, der Maria-Theresia-Salon mit geschnitztem Wandgetäfel und das Renaissancezimmer mit Südtiroler Fayenceofen zu besichtigen sind. Seit 1620 ist das Schloss ununterbrochen im Privatbesitz der Reichsfreiherren von Ulm zu Erbach. Daneben steht die Pfarrkirche St. Martin. Für den Neubau des Gotteshauses spendeten die beiden Freifräulein Beata und Viktoria von Ulm-Erbach fast ihr gesamtes Vermögen von 28.000 Gulden. 1769 war die Kirche fertig und mit 20 wunderschönen Deckenfresken in schwäbischer Rokokomalerei ausgestattet.

16 Ulms Architekten

und ihre Bauten

Am Ulmer Rathaus, das zu den schönsten Deutschlands zählt, haben so großartige Künstler mitgewirkt wie der Maler Martin Schaffner und Hans Multscher. Die Erbauer wie Ausgestalter des Ulmer Münsters, die Baumeister der Familie Parler und der Architekt August Beyer, der das an die „Neue Mitte Ulm“ grenzende Münster vollendete, gehörten zu den Spitzenkräften ihrer Zeit. Heute sind es die gewaltigen Rathausarkaden des Architekten Stephan Braunfels, das Doppelgiebelhaus der Museumsgesellschaft mit seiner weinroten Lamellenfassade von Herbert Schaudt und die von

Wolfram Wöhr entworfene Kunsthalle der Sammlung Weishaupt. Die scharfe Kante des „Münstertors", ein Braunfels-Bau, durchschneidet das Blickfeld. Neben dem Alten Rathaus erhebt sich die Glaspyramide der Stadtbibliothek von Gottfried Böhm und nicht weit entfernt das Stadthaus von Richard Meyer.

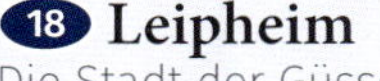

18 Leipheim

Die Stadt der Güssen und Mussen

Einst Schlachtwirt, dann Gaststätte Blaue Ente und heute ein Heimat- und Bauernkriegsmuseum. Das ist ganz kurz die Geschichte der „Braustatt" von 1587.

Das Museum gehört zum denkmalgeschützten Ensemble Schlosshof Leipheim. Der Altbau des Museums ist ganz der Stadtgeschichte Leipheims gewidmet, während der Museumsstadel Geschichten zum Bauernkrieg erzählt. Bevor die Güssen in Leipheim das Sagen hatten, gab es im 11. Jahrhundert bereits eine Burg, die den wichtigen Donauübergang zu sichern hatte. Dem Ortsadel der Güssen begegnete man dann 1267. Gerwig I. war wohl der erste Güsse, der Leipheim in Besitz hatte. Noch heute existiert die Hospitalstiftung zum Heiligen Geist, die schon 1315 von den Güssen gegründet und 1368 an die Stadt übertragen wurde. Am 17. November 1330 verlieh Kaiser Ludwig der Bayer Leipheim die Eigenschaft einer Stadt mit allen Rechten und erlaubte, die Oberstadt mit Mauern zu befestigen. Ab 1373 zwangen wirtschaftliche Gründe die Güssen, ihre Stadt Leipheim nach und nach an den Grafen von Württemberg zu verkaufen. Ulrich V., Graf von Württemberg, wiederum verkaufte Leipheim im Jahre 1453 um 23.300 Rheinische Gulden an Ulm. Leipheim gehörte nun bis 1802 zum Gebiet der Freien Reichsstadt Ulm.

19 Günzburg

Münzen für das Kaiserreich

Der Stadtturm mit seinem markanten grünen Dach ist zum Wahrzeichen der Stadt geworden. Zu den grünen Dachplatten gibt es eine nette Geschichte: Wohlhabende Städte konnten es sich einstmals leisten, die Dächer von Türmen mit Kupferblech zu decken, das im Laufe der Zeit eine grünliche Patina bekam. Von Ferne erkannte man so, ob man sich einer reichen Stadt näherte. Da es bei den Günzburgern dazu doch nicht reichte, wollte man wenigstens von Weitem den Anschein von Wohlstand erwecken und glasierte die Dachziegel. Oben am Marktplatz herrschte das Marktrecht. Und wer mit seinem Fuhrwerk die gepflasterte Marktstraße befahren wollte, musste am Zollhaus Pflasterzoll zahlen. Je nach Größe des Wagens und der Anzahl der Zugtiere fiel diese Gebühr unterschiedlich aus. Das blaue Haus vor dem Unteren Tor war das Zollhaus. Die Günzburger waren zwar keine reichen Bürger, aber im Rathaus prägte man Münzen für das Habsburger Kaiserhaus. Auf Spindelpressen wurden Silbermünzen geprägt, darunter der Maria-Theresia-Thaler.

Kupfermünzen prägte man in einem zweiten Münzwerk vor der Stadtmauer.

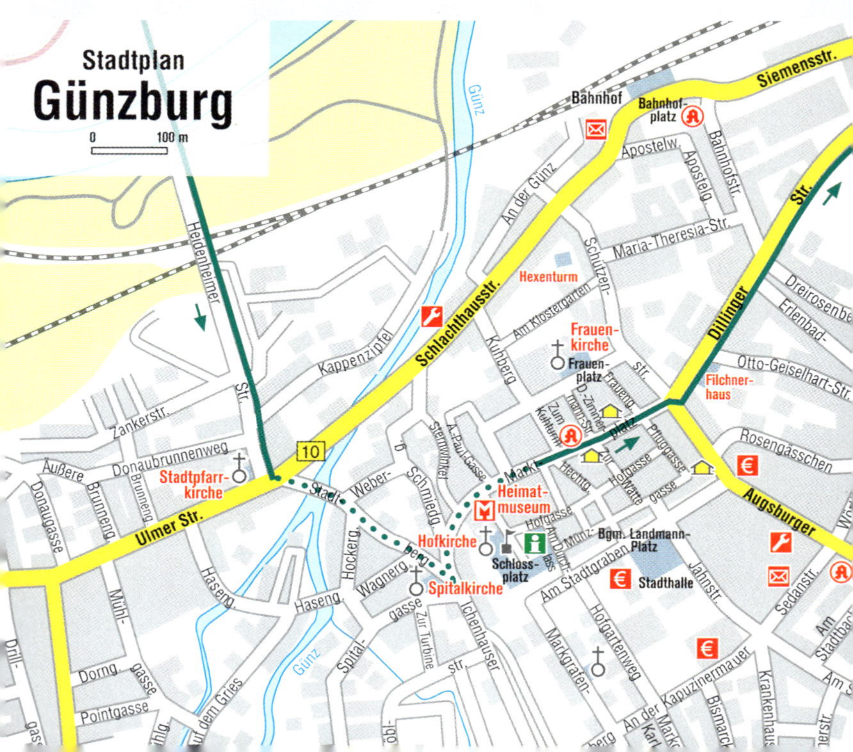

Das Ende der Münzprägung kam im Oktober 1805, als französische Truppen Günzburg besetzten. Auch das Markgrafenschloss liegt im historischen Zentrum. Erzherzog Ferdinand II. von Tirol gab bereits 1577 den Bau des Schlosses samt Hofkirche für seinen Sohn Karl in Auftrag. Karl trat 1605 die Herrschaft über die Markgrafschaft Burgau an und konnte ein standesgemäßes Schloss beziehen. Heute ist es Finanzamt.

20 Die Welt der bunten Steine

Welches Kind träumt nicht davon, in die Rolle eines Ritters, Entdeckers, Testfahrers oder Piloten zu schlüpfen und die verschiedensten Abenteuer zu bestehen?

Absolutes Highlight in der Region ist LEGOLAND® Deutschland in Günzburg. Attraktionen und Shows sorgen für „steinstarke“ Unterhaltung.

Essen, Trinken & Durchatmen

Ein kulinarischer Abzweig

Hotel Rössle, Ermingen
Küche: ***gutbürgerlich, regional***
Spezialität: ***Gutsherrentopf***
Preis: ***mittel***
Übernachtungsmöglichkeit: ***ja***

Hotel Rössle
Ortsstraße 56
89081 Ulm
Tel. +49 7304 80380
www.roessle-ermingen.com

Gasthof Löwen, Wiblingen
Küche: ***gutbürgerlich, regional***
Spezialität: ***Schwaben-Variation***
Preis: ***mittel***
Übernachtungsmöglichkeit: ***ja***

Hotel & Gasthof Löwen
Hauptstraße 6
D-89079 Ulm-Wiblingen
Tel. +49 731 880312-0
www.loewen-ulm.com

Kapitel 5: **Von Günzburg nach Donauwörth**

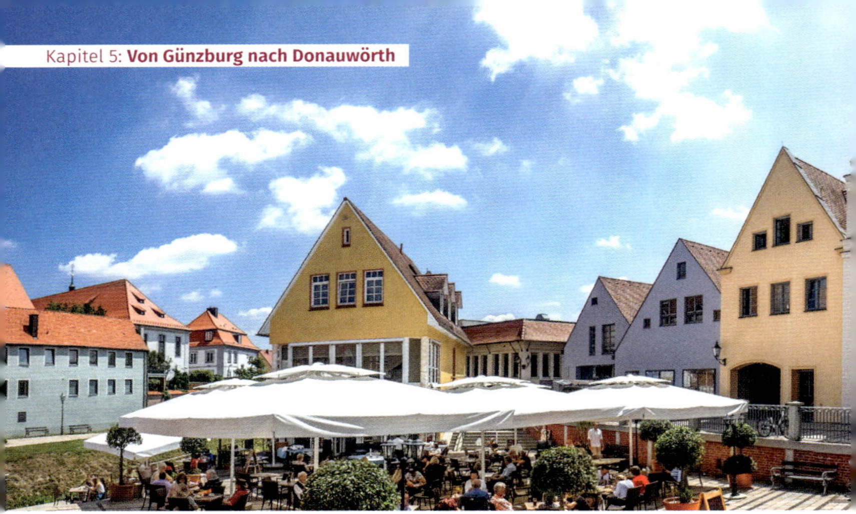

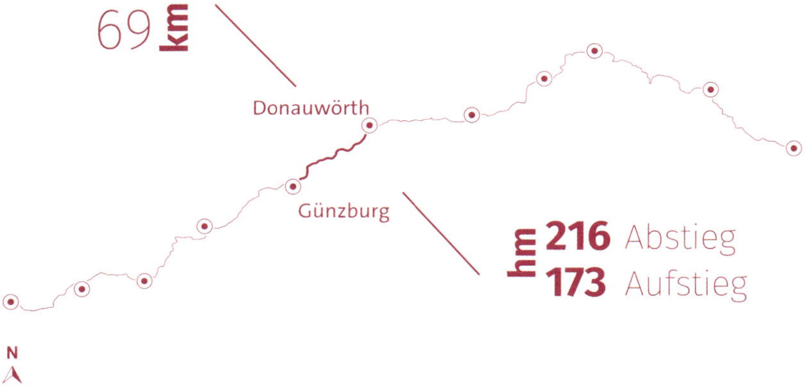
69 km
Donauwörth
Günzburg
hm 216 Abstieg
173 Aufstieg
N

Streckenprofil

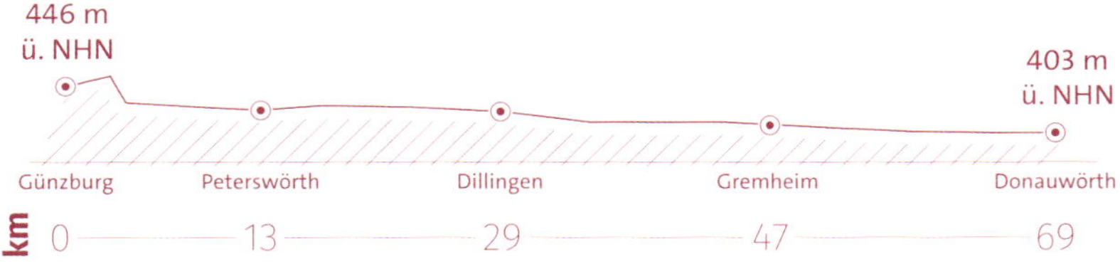
446 m ü. NHN
403 m ü. NHN
Günzburg
Peterswörth
Dillingen
Gremheim
Donauwörth
km 0
13
29
47
69

Von Grannus, Kneipp und Puppen

Am Waldbad in Günzburg startet Kapitel Fünf der Tour durch Süddeutschland.

Hier gibt es eine Alternativroute zum Weg entlang der Donau. Er führt durch die historische Altstadt von Günzburg mit dem Unteren Tor, Markgrafenschloss über den Marktplatz nach Reisensburg und über Schloss Reisensburg hinunter an die Donau zur Hauptroute.

Wer sich für die Hauptroute entscheidet, kommt nach kurzer Zeit an die Auwaldgrotte, einer Gebetsstätte, die die Familie Herzog angelegt hat. Über die B16 radelt man entlang der Donau zu den Sportplätzen der Sportgemeinschaft Reisensburg. Rechts oben steht Schloss Reisensburg. Dort betreibt heute die Universität–Ulm ein Wissenschaftszentrum. Weiter geht es durch den Auwald der Donau zum Kraftwerk Offingen. Hinter der Bahnbrücke ist der Donauradweg links nach Gundelfingen beschildert. Zunächst gelangt man jedoch zum Freibad am Wünschsee vor Peterswörth und zum Gasthof Wünsch. Nicht fern liegt **Gundelfingen** 21 mit seiner wunderschönen Altstadt. Vor der Altstadt liegt das Rosenschloss Schlachtegg. Durch das Untere Tor betritt man die Altstadt. Nicht weit von hier steht das historische Rathaus der Stadt. Entstanden aus einem hölzernen Kirchlein aus dem 7.Jahrhundert, erhebt sich am Kirchplatz die Pfarrkirche St. Martin. Alemannische Edelleute begruben einst hier ihre Toten. Als die Franken den Alemannen das Christentum brachten, wurde eine größere Kirche gebaut und dem heiligen Martin geweiht.

Einen weiteren Schritt in die Vergangenheit macht man im Freilichtmuseum in Faimingen am **Apollo-Grannus-Tempel** 22. Im Namen zeigt sich die Verschmelzung des für die Heilkunst zuständigen griechisch-römischen Gottes Apollo mit dem keltischen Quell- und Badegott Grannus.

Lohnenswerte Schlenker

entlang des Weges

22 Freilichtmuseum Faimingen

Römisches Kastell und Badezentrum

Hier stand ein römisches Kastell und kreuzten sich wichtige Handelsstraßen. Die Siedlung Phoebiana entstand und wurde ein bedeutendes Handelszentrum. Händler kamen und gingen. Denen musste man etwas Angenehmes bieten. So wurde der Apollo-Grannus-Tempel errichtet. In seinem Namen zeigt sich die Verschmelzung des für die Heilkunst zuständigen griechisch-römischen Gottes Apollo mit dem keltischen Quell- und Badegott Grannus. Durch die Namensgebung wollte das Römische Reich die hier lebenden Keltoromanen an das Reich binden. Das Kultzentrum, erbaut um 160 n. Chr., hatte eine große medizinische Bedeutung. Der römische Prachtbau ist der größte römische Tempelbau nördlich der Alpen. Die Grabungen im 19. Jahrhundert legten eine doppelte Säulenhalle, einen Podiumstempel mit Vorhalle und Rampe frei. Das Freilichtmuseum ist ganzjährig geöffnet.

21 Gundelfingen

und seine tapferen Bürger

Tapfere Gegenwehr führte 1462 zum Abbruch der Belagerung im Fürstenkrieg gegen den Stadtherrn Herzog Ludwig IX. von Bayern-Landshut. Das Untere Tor wurde eingeschossen, aber die Stadtmauer hielt stand; dank des mächtigen Mauerwerks aus der Zeit um 1200.

Am 11. März 1462 begann die Belagerung von Gun-

delfingen durch den kaiserlichen Markgrafen Albrecht Achilles, die bis zum 30. März andauerte und erfolglos war. Albrecht Achilles verlor damit auch den von ihm angezettelten Fürstenkrieg, der 1463 mit dem „Prager Frieden" sein Ende fand. Ein historischer Stadtrundgang führt zu den schönsten Gebäuden und Plätzen in der Altstadt. Auch zum Schloss Schlachtegg. Ursprünglich stand hier auf der Flur Schlachtegg eine Kapelle. Mitte des 15. Jahrhunderts begann man dann mit dem Bau des Schlosses und es dauerte bis Anfang des 17. Jahrhunderts, bis es so aussah wie heute. Zum Rosenschloss wurde es mit dem Einzug des Bayerischen Landesverbandes der Floristen.

23 Lauingens Schimmelturm

Stolz der Bürger

Am Montag nach dem Weißen Sonntag 1457 wurde mit dem Bau des Schimmelturmes begonnen und am Mittwoch nach St. Gallus 1478 vom Baumeister Heinrich Schittenhelm an die Bürger übergeben. Er repräsentierte den Bürgerstolz der Lauinger. So war der Turm von Anfang an bemalt und zeigt im ersten Stockwerk Albertus Magnus und die Gräfin Geiselina von Schwabeck, im 2. Stockwerk die Szene der Verleihung des Stadtwappens an einen tüchtigen Lauinger Bürger und der Schimmel, der dem Turm den Namen gab.

24 Dillingen

Lehrstätte der Jesuiten

Das Zentrum Dillingens war früher die Herrengasse. Heute heißt sie Königstraße. Rechts und links der Straße werden die Hausfassaden aus dem 17. und 18. Jahrhundert zu einem schönen Ensemble. Dazu zählt das „Alte Rathaus" mit dem hervorstechenden Renaissancegiebel von 1827. Im Osten der Königstraße steht das einzige noch erhaltene Stadttor, das Mitteltor aus dem Jahre 1753. Mächtigster Bau der Stadt ist das Burgschloss an der Schlossstraße, das Jahrhunderte lang Residenz der Fürstbischöfe von Augsburg war. An der Klosterstraße liegt die ehrwürdige Basilika St. Peter. Sie wurde 1979 durch Papst Johannes Paul II. zur „Päpstlichen Basilika" erhoben. Nur einen Steinwurf entfernt erhebt sich die Kirche des Franziskanerinnenklosters, ein Kleinod des Rokoko, mit wunderschönen Deckenfresken.

Im Westen der Altstadt ragt der Turm der ehemaligen Jesuiten- und Universitätskirche Mariä Himmelfahrt in den Himmel. Sie ist nach Entwürfen des

kaiserlichen Kammermalers Joseph entstanden. Neben ihr entstanden die Universität und das Jesuitenkolleg mit prachtvoller Aula, dem Goldenen Saal in Rokokoausstattung, der Bibliothek sowie dem großartigen Deckengemälde von Johannes Anwander.

Wissenswertes im Gepäck

Albertus Magnus

Lauingens berühmter Sohn

Eine steile Karriere legte Albert hin. Um 1200 hier in Lauingen geboren erwarb er 45 Jahre später an der Pariser Universität den Magistergrad. 1248 zog er nach Köln und übernahm die Leitung der Ordenshochschule bis ihn der Papst letztendlich zum Bischof von Regensburg ernannte. Natürlich bekam er ein Denkmal, an passender Stelle, vor dem Rathaus.

Die Gundelfinger Straße führt nun in die Altstadt der **Albertus-Magnus-Stadt Lauingen**. Der heilige Albert der Große wurde um 1200 in Lauingen geboren. Sein Denkmal steht vor dem Rathaus. Und gleich daneben reckt sich der monumentale **Schimmelturm** 23 in den Himmel. Der Blickfang am Marktplatz.

Nächster Stopp ist **Dillingen a.d.Donau** 24, auch gerne das „Schwäbische Rom" genannt. Zahlreiche Kirchen mit wertvollen Kostbarkeiten führten zu diesem Namen. Markantes Beispiel ist die Studienkirche der Jesuiten, reich ausgestaltet im Stil der Rokokozeit. Die Gründung der Universität 1549 war ein Meilenstein für die kulturelle Entwicklung der Stadt. Durch die Jesuiten wurde sie bald zu einem Zentrum der Gegenreformation. Ein bekannter Kopf der Stadt ist der „Wasserdoktor" **Sebastian Kneipp.** In Dillingen ersann er seine Wassertherapie und wurde von der „Washington Post" zum drittberühmtesten Mann der Welt gekürt.

Nach einer Kneipp'schen Anwendung radelt es sich irgendwie leichter nach Steinheim und nach **Höchstädt a.d.Donau** 25. Hier liegt ein Schloss mit außergewöhnlichem Museum, dem **Museum Deutscher Fayencen** 25. Im 17. und 18. Jahrhundert widmete man sich der feinen Tischkultur. Es entstand wertvolles Geschirr für prunkvolle Empfänge in der Fayencetechnik, mit der man anfangs chinesisches Porzellan nachahmen wollte.

Und vor den Toren des Schlosses tobte 1704 die Schlacht von Höchstädt, „The

Sebastian Kneipp

und seine Bäder in der Donau

Kneipp lebte und studierte in Dillingen, zumindest zeitweise, wurde aber zur bekanntesten Persönlichkeit der Stadt. Seine Wassertherapie erreichte auch Amerika.

Er wurde Ende des 19. Jahrhunderts von der „Washington Post“ zum drittberühmtesten Mann der Welt gekürt, gleich nach Präsident Roosevelt und dem Reichskanzler Bismarck. Im Nachhinein betrachtet machte ihn erst seine Lungenkrankheit berühmt.

Kneipp kurierte in Dillingen seine lebensbedrohliche Lungenkrankheit durch Bäder in der Donau.

Dieser Heilerfolg wurde zur Grundlage für die Entwicklung seiner Wassertherapie, als ersten Baustein der Kneipp’schen Gesundheitslehre, der Fünf-Säulen-Therapie.

Highlights am Wegesrand 25

Höchstädt a.d. Donau

Ein Schloss als Witwensitz

Schloss Höchstädt ist eines der herausragendsten Denkmäler des ehemaligen Fürstentums Pfalz-Neuburg. Seine Entstehung verdankt es der Heirat des Pfalzgrafen Philipp Ludwig von Neuburg mit der Herzogstochter Anna von Jülich-Kleve-Berg im Jahr 1574. Im Heiratsvertrag verpflichtete sich der Pfalzgraf, seiner Frau einen angemessenen Witwensitz bauen zu lassen. 15 Jahre später begannen Graubündner Maurer unter der Leitung von Gilg Vältin nach Entwürfen des Baumeisters Lienhart Grieneisen mit dem Bau des Renaissanceschlosses. Der Turm der Vorgängerburg wurde als Glockenturm einbezogen. Herzogin Anna zog 1625 als

Museum Schloss Höchstädt

Von Schlachten und schönen Dingen

„1704 – Brennpunkt Europas". Spannend informiert die Ausstellung über die Schlacht und ihr politisches Umfeld. Sie zeigt das Ringen der Großmächte um die Vorherrschaft in Europa, als für einen Moment Bayerns Aufstieg zur Weltmacht nahe war. Die zweite Ausstellung steht unter dem Thema „Über den Tellerrand – Museum deutscher Fayencen". In dieser einzigartigen Keramikausstellung wird die Welt der Fayencen des 17. und 18. Jahrhunderts präsentiert. In Deutschland gab es damals rund 80 Fayencemanufakturen. Was sie herstellten? Vieles, vom Alltagsgeschirr bis zum kostbaren Prunkstück. Zu sehen an einer prachtvoll gedeckten Tafel, in der Schauküche, die Mode des Kaffee- und Teetrinkens in einem Kaffeehaus, die aufwendige Morgentoilette der feinen Herrschaften an zahlreichen Fayenceutensilien.

Öffnungszeiten: April bis 6. Oktober: 9 – 18 Uhr, montags geschlossen.

Witwe in Höchstädt ein. Während ihr Sohn Wolfgang Wilhelm die Pfalz-Neuburg aus politischen Gründen an den katholischen Glauben band, hielt sie hier am evangelischen Glauben fest. Davon zeugt noch die Ausmalung des Gewölbes der Schlosskapelle, die zu den schönsten Zeugnissen des süddeutschen Protestantismus gehört.

Battle of Blenheim". In der Schlacht unterlagen die verbündeten Bayern und Franzosen den britischen und kaiserlichen Truppen unter dem Herzog von Marlborough und dem Prinzen Eugen von Savoyen.

Auf geht's zum „Schlachtfeld", über Sonderheim nach Blindheim. Bei Gremheim wechselt man die Uferseite und erreicht die Ruppenmühle. Von der Straße nach Pfaffenhofen a.d.Zusam radelt man nach Norden zwischen Donau und Zusam nach Zusum. Noch einmal die Donauseite wechseln und **Donauwörth** 26 ist zum Greifen nah. Das romantische Städtchen ist sogar IC- und ICE-Halt der Deutschen Bahn. Über die Wörnitz kommt man auf die schmucke Insel Ried, der Geburtsstätte der „Reichsstadt". Hier liegt dann auch das Heimatmuseum. Auf dem „Festland" steht das Rathaus. Folgt man der Reichsstraße, einer der schönsten Straßenzüge Süddeutschlands mit Rathaus, Tanzhaus, Fuggerhaus und Reichsstadtbrunnen, und dann der Pflegstraße, kommt man zum **Käthe-Kruse-Puppen-Museum** 27. 1910 präsentierte Käthe Kruse erstmals ihre handgefertigten Puppen im Berliner Warenhaus Tietz.

Einfach mal reinschauen.

26

Donauwörth

Die Reichsstraße als Lebensader

Sie beginnt am neugotischen Rathaus und endet am Fuggerhaus, einem Bau aus der Renaissance. Dazwischen befinden sich zahlreiche prächtige Patrizierhäuser, Cafés, Läden und am höchsten Punkt das Münster „Zu Unserer Lieben Frau“. Aber einst begann alles auf der Insel Wörnitz, der heutigen Insel Ried in der Wörnitz.
Um 977 wird hier die erste Donaubrücke an der Fernhandelsstraße Augsburg–Nürnberg gebaut. Gut 50 Jahre später erhielt die Siedlung Markt-, Münz- und Zollrechte zugesprochen. Auch zu Wasser wurde sie ein wichtiger Umschlagplatz.
Es entstand 1193 der größte Donauhafen Schwabens. Ab 1301 war sie fast 300 Jahre lang Reichsstadt „Schwäbischwörth“. In dieser Zeit entstand die Reichsstraße mit der Reichsstadt als Handelsknotenpunkt. 1607 war es dann aus mit der Reichsstadtherrlichkeit.

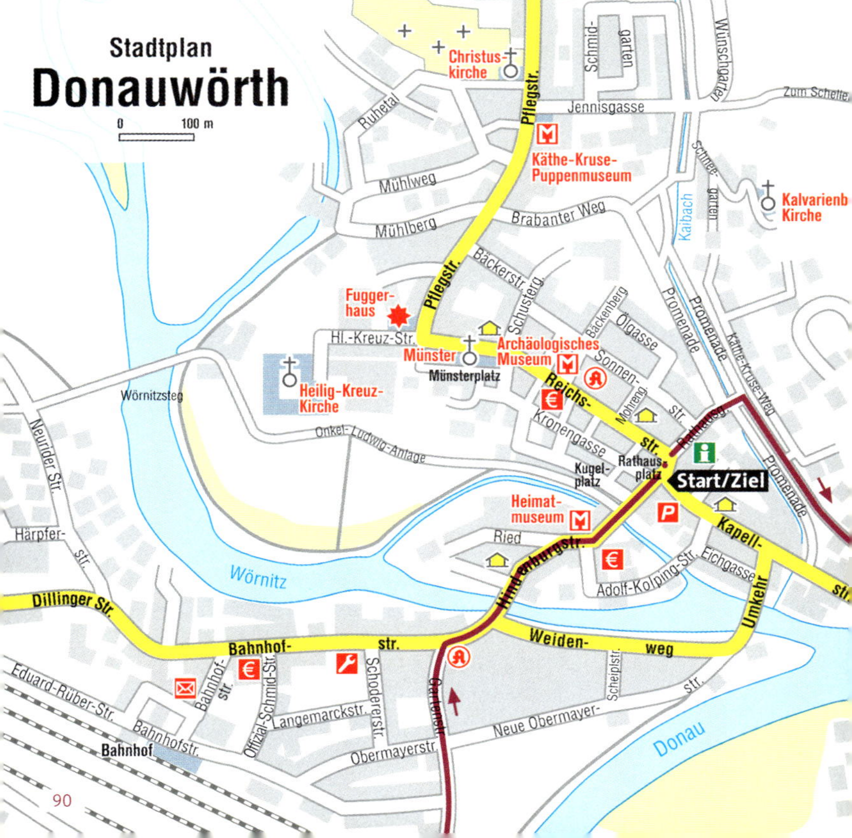

Die Puppenkünstlerin Käthe

Kruse und ihr Museum

„Ick koof euch keene Puppen. Ick find se scheißlich. Macht euch selber welche.“ Dies soll Max Kruse gesagt haben. So begann seine Käthe für ihre Tochter selber Puppen zu basteln, mit großem Erfolg. 1910 zeigte Käthe Kruse erstmals ihre handgefertigten Puppen in der Ausstellung „Spielzeug aus eigener Hand“ im Berliner Warenhaus Tietz. Die Puppen kamen außerordentlich gut an und Käthe Kruse wurde sprichwörtlich über Nacht berühmt.

Nach dem Zweiten Weltkrieg wurden die Käthe Kruse Werkstätten von Bad Kösen nach Donauwörth verlegt, wo noch heute Puppen in der Tradition von Käthe Kruse produziert werden. Im Käthe-Kruse-Puppen-Museum werden über 150 Puppen, Schaufensterfiguren und Puppenstubenpuppen aus der weltbekannten Manufaktur gezeigt.

Öffnungszeiten: Mai – September, Dienstag – Sonntag von 11 – 18 Uhr, Oktober – April, Donnerstag – Sonntag von 14 – 17 Uhr.

Essen, Trinken & Durchatmen

Ein kulinarischer Abzweig

Hotel-Gasthof Sonne
Küche: ***regional-saisonal-frisch***
Spezialität:
Echenbrunner Mühlensteak
Preis: ***mittel***
Übernachtungsmöglichkeit: ***ja***

Hotel-Gasthof Sonne
Lauinger Straße 52
89423 Gundelfingen-Echenbrunn
Tel. +49 9073 958640
www.hotelgasthof-sonne.de

Hotel & Landgasthof Pflegerwirt Schmidbaur
Küche: ***regional***
Spezialität: ***hausgemachte Wurstspezialitäten***
Preis: ***mittel***
Übernachtungsmöglichkeit: ***ja***

Hotel & Landgasthof
Pflegerwirt, Zollernweg 2
86609 Donauwörth
Tel. +49 906 706220
www.hotel-schmidbaur.de

Im Reich der Auwälder

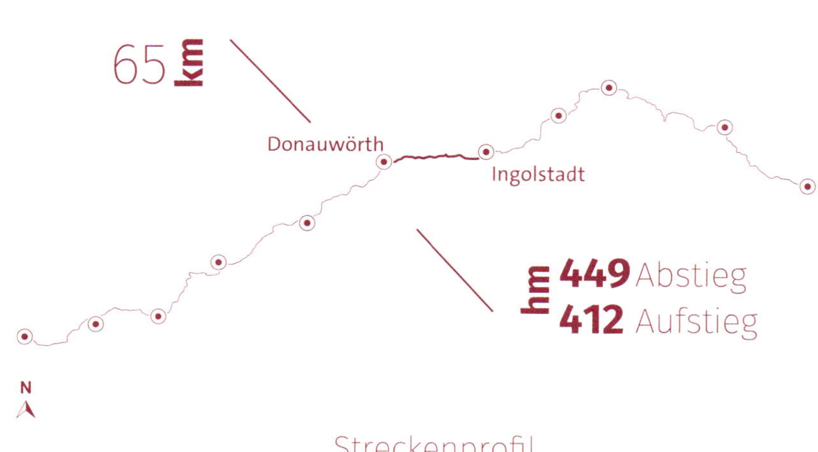

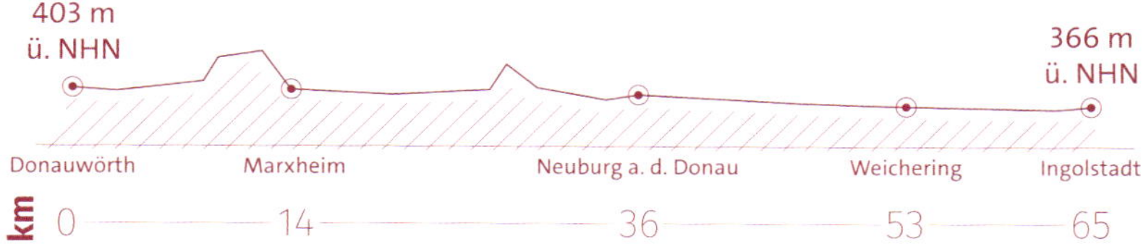

Links erheben sich die Ausläufer der Fränkischen Alb, rechts fließt die Donau der Mündung des Lechs entgegen. So gestaltet sich die Landschaft auf den nächsten Kilometern. Zwischen Zirgesheim und Schäfstall liegt der Schweizerhof an der Donau. Ideal für eine erste Pause. Altisheim, Leitheim, Graisbach reihen sich nun aneinander. Dann trifft man auf Lechsend. Gegenüber fließt der Lech kanalisiert durch den Auwald der Schönfelder Au und mündet kurz vor der Donaubrücke von Marxheim in die Donau. Hier gibt es auch die Bruckwirtschaft mit Biergarten und Zimmer. Von dort folgt man dem Ufer der Donau durch ihre Auwälder nach Bertoldsheim. Bereits aus der Ferne sind drei markante Punkte zu erkennen: Das Barockschloss, die Kirche St. Michael und dazwischen die Schlosswirtschaft, ein Haus mit Geschichte aus dem Jahre 1795.

Der Donauradweg verläuft nun südlich an Rennertshofen vorbei nach Hatzenhofen und Stepperg. Dort liegt das Schloss des Grafen von Moy. Um eine Anekdote ist Guy Graf von Moy nie verlegen und so erzählt er, warum sein Schloss seit dem 19. Jahrhundert auf weiß-blauem und nicht auf rot-weiß-rotem Boden, dem der österreichischen Habsburgern, steht. Kurz hinter Stepperg steht auf dem Antoniberg die Antoniuskapelle und nebenan die Gruftkapelle der Grafen von Moy. Die Wallfahrt dorthin ist wie eh und je lebendig.

Unser Ziel ist jedoch erst einmal Riedensheim, gefolgt von Bittenbrunn. Zwischen Stepperg und Bittenbrunn werden Baumaßnahmen zum Hochwasserschutz an der Donau ausgeführt. Daher kann es zu Umleitungen am Donauradweg kommen.

Dann liegt auch schon Neuburg a.d. Donau in Sichtweite. In der „Oberstadt" erheben sich das **Pfalz-Neuburger Residenzschloss** und die **Hofkirche** **28**. Ein wirklich schönes Ensemble, das durch

Das Pfalz–Neburger Residenzschloss

Fürstliche Geschichten und Flämische Barockmalerei

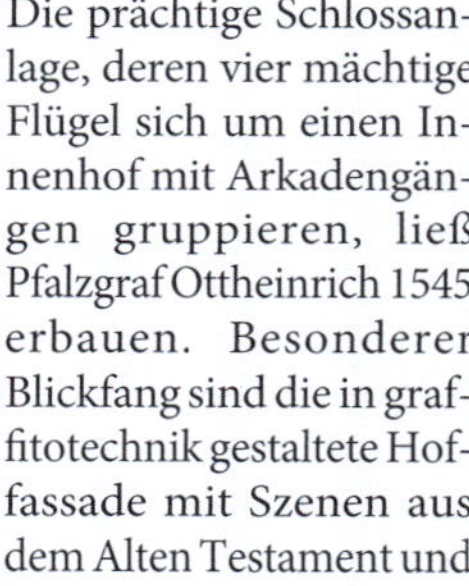

Die prächtige Schlossanlage, deren vier mächtige Flügel sich um einen Innenhof mit Arkadengängen gruppieren, ließ Pfalzgraf Ottheinrich 1545 erbauen. Besonderer Blickfang sind die in graffitotechnik gestaltete Hoffassade mit Szenen aus dem Alten Testament und die Fresken von Hans Bocksberger in der Schlosskapelle.
Im Museumstrakt des Schlosses wird die Geschichte über „Das Fürstentum Pfalz-Neuburg" erzählt. Die eindrucksvolle fürstliche Geschichte entfaltet sich in den einstigen Wohn- und Staatsräumen der Pfalz–Neuburger Fürsten. Zu den kostbarsten Schätzen gehören jedoch die kirchlichen Textilien aus dem Neuburger Ursulinenkloster, das Kurfürst Johann Wilhelm von der Pfalz 1698 stiftete. Unbestreitbarer Höhepunkt im Schloss ist die „Bayerische Staatsgalerie Flämische

Barockmalerei". Mit fast 160 Meisterwerken zeigt die neue Staatsgalerie eine eindrucksvolle Sammlung berühmter flämischer Maler, unter anderem von Peter Paul Rubens, Anthonys van Dyck, Jacob Jordaens, Gérard Douffet und Jan Brueghel dem Älteren.

Öffnungszeiten: April–September, 9 – 18 Uhr, Oktober – März 10 – 16 Uhr, montags geschlossen. Unweit des Schlosses, am Karlsplatz, steht die Hofkirche zu „Unserer Lieben Frau". Im Jahre 1607 erbaut gilt sie als bedeutendes Bauwerk der Spätrenaissance. Um den Karlsplatz herum gruppieren sich stattliche Adels- und Bürgerhäuser. Zu ihnen gehört das Rathaus, erbaut 1603, in dem heute eine Galerie Kunst ausstellt. Gesäumt wird der Karlsplatz von vielen 200-jährigen Linden mit dem Marienbrunnen als Mittelpunkt.

das rote Obere Tor oder durch das Untere Tor zu erreichen ist. Das Highlight des **Schlossmuseums** 28 ist unbestritten die „Bayerische Staatsgalerie Flämische Barockmalerei" im Westflügel. Zu sehen sind 160 Bilder berühmter flämischer Maler.

Im wahrsten Sinne des Wortes geradeaus geht es zum **Jagdschloss Grünau** 29. Am weißen Schloss mit seinen roten Fensterläden und Dächern dreht sich jedes Jahr im Mai alles um das Leben der Ritter und Landsknechte. Handwerker aus den Ländereien demonstrieren ihr Können und bieten ihre Waren feil.

In den Mauern des Renaissanceschlosses der Wittelsbacher befindet sich das Auenzentrum Neuburg/Ingolstadt. Zwischen beiden Städten liegt eines der bedeutendsten Auwaldgebiete an der deutschen Donau. Um die Bedeutung dieses Naturerbes zu unterstreichen wurde das Auenzentrum in Schloss Grünau gegründet. Es dient der For-

Lohnenswerte Schlenker 30

Freies Schussfeld

über Glacis und die Schanz

Der breite Grüngürtel, die Schanz, umschließt die Altstadt vollständig. Einst lagen hier die Schussfelder, die vor den Festungsanlagen freigehalten wurden. Heute ein beliebter Ort zur Entspannung. Das Reduit, ein halbkreisförmiger Festungsbau, diente als Brückenkopf auf dem gegenüberliegenden Donauufer, war Teil der Glacis und letzter Zufluchtsort der königlichen Familie. Das Reduit war zentraler Bau der bayerischen Landesfestung und erst 1850 errichtet worden. Es wurde nach Johann 't Serclaes Graf von Tilly benannt. Dort sind das Polizeimuseum untergebracht sowie auch das „Museum des Ersten Weltkriegs".

schung, der Information der Öffentlichkeit und dem fachlichen Erfahrungsaustausch. Ausgestattet mit Informationen über die Auwälder der Donau geht es über Gut Rohrenfeld nach Weichering. Von Weichering gab es bis Mitte der 1990er Jahre eine direkte Bahnverbindung nach Ingolstadt mit Bahnhof Haunwöhr mittendrin. Sie ist heute Teil des Donauradweges. Auf ihr gelangt man zum Luitpoldpark und an die Glacisbrücke in **Ingolstadt** 30. Das eigentliche Ziel liegt jenseits der Donau in der **Altstadt** 30. Durch das Kreuztor im Westen der Stadt kommt man zum **Liebfrauenmünster** 31 und letztendlich zum **Neuen Schloss** 32 im Osten der Altstadt.

Lohnenswerte Schlenker 29

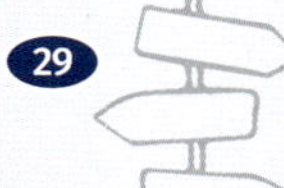

Jagdschloss Grünau

Ein Renaissance-Schloss mitten im Auwald

Im Schloss Grünau gibt es eine Ausstellung über die Donau, deren Flussauen und ihre Lebensräume, ihre Entwicklung und ihre Bedeutung für den Hochwasser- und Naturschutz. Wollen Sie mehr darüber wissen, z. B. welche Ökosysteme es in der Aue gibt, warum Flüsse erst reguliert wurden und heute wieder renaturiert werden, was das Auendynamisierungsprojekt ist, wie Hochwasser entstehen, wann sie uns bedrohen und welche naturräumlichen Besonderheiten die Donau von der Quelle zur Mündung bietet, dann lohnt ein Besuch der Ausstellung.

Öffnungszeiten vom 28. März – 31. Oktober des Aueninformationszentrums und der Ausstellung: Mittwoch bis Freitag von 09 – 12 Uhr, 13 – 18 Uhr, Samstag, Sonntag, Feiertag 10 – 18:00 Uhr.

Highlights am Wegesrand

30 Im historischen Zentrum lebte der Nachtwächter

Das Alte Rathaus im historischen Zentrum der Stadt stammt aus dem 14. Jahrhundert. 1882 wurde das Ensemble unter Federführung des Münchner Architekten Gabriel von Seidl völlig neu gestaltet. Er schuf aus den vier ursprünglichen Häusern ein malerisches Ensemble im Stil der Neurenaissance. Heute residiert hier der Oberbürgermeister. Zum Ensemble gehören die Kirche St. Moritz und der Pfeifturm. Neben der ältesten Pfarrkirche Ingolstadts, St. Moritz, erhebt sich an der Südseite der schlanke, gotische Pfeifturm, ehemals städtischer Wachturm; 201 Stufen führen hinauf. Oben angekommen fasziniert ein großartiger Rundblick über die Stadt. Hier lebte einst der Nachtwächter mit seiner Familie und sorgte für die Sicherheit der Ingolstädter Bürger.

31 Das Münster

Die „Obere Pfarr"
Ingolstadt

Im Jahre 1407 stiftete Herzog Stephan der Kneißel eine zweite Pfarrkirche für die Stadt. Am Südostportal befindet sich eine Gedenk-tafel, die den 18. Mai 1425 als Tag der Grundsteinlegung nennt. 100 Jahre brauchte man bis zur Fertigstellung der Kirche. Ihr gewaltiges Dachgestühl besitzt sieben übereinanderliegende Dachböden. Nach der Überlieferung wurden dafür 3.800 Baumstämme verarbeitet.

Die Kirche wird im Volksmund auch „Obere Pfarr" genannt. Bischof Michael Rackl von Eichstätt verfügte im Jahr 1947, dass die Kirche den Titel „Münster" erhalten und im amtlich kirchlichen Sprachgebrauch „Liebfrauenmünster" genannt werden soll. Die erste aller Seitenkapellen, die während der langen Bauphase des Münsters fertiggestellt wurde, ist dem heiligen Jakobus geweiht. So wird das Liebfrauenmünster auch gern als Ausgangspunkt für den Jakobsweg Ingolstadt–Neuburg a.d. Donau genommen.

32 Vom Herzogskasten ins neue Schloss

Das ehemalige Herzogsschloss aus dem 13. Jahrhundert war Teil der mittelalterlichen Burganlage und verstärkte den Verteidigungsring im Südwesten der Stadtmauer. Zugleich diente der ursprünglich achtgeschossige Bau als Residenz der Ingolstädter Herzöge, bevor im 15. Jahrhundert das Neue Schloss im Osten der Altstadt fertiggestellt wurde.

Gut bewacht im Neuen Schloss, so müssen sich die herzogliche Gesellschaft und die Ingolstädter Bürger mit der Fertigstellung der neuen Veste gefühlt haben. Im Zentrum stand das Neue Schloss dessen Ausstattung weniger der Erbauung, denn der Verteidigung diente. 17 reich verzierte Kanonen im Schlosshof lassen nur erahnen, welche Dimensionen das Waffenarsenal hatte. Im Neuen Schloss wurde das Bayerische Armeemuseum etabliert, eine Ausstellung historischer Waffen, Rüstungen und Zinnfiguren. Zwei der ältesten dieser Exponate aus dem Bayerischen Armeemuseum sind ein Paar: Die Doppelkartaunen aus den Jahren 1524/25 namens „Scherer" und „Schererin". „Er" wiegt 9.690, „sie" 9.395 Pfund.

Öffnungszeiten: Di. – Fr. von 09 – 17.30 Uhr, Sa., So. und Feiertag von 10 – 17.30 Uhr

30 Die Schätzchen der Stadt Ingolstadt

Das Kreuztor ist das Wahrzeichen der Stadt, durch das man von Westen her in die Altstadt gelangt.

Der Turm des Tores wurde Ende des 14. Jahrhunderts in den zweiten, massiven Befestigungsring einbezogen.

Ein barockes Schätzchen ist die Asamkirche. Ohne Vorplatz und Türme und etwas versteckt steht in der Neubaustraße in der Altstadt die barocke Kirche Maria de Victoria. Zwei kostbare Kunstschätze beherbergt das zwischen 1732 und 1736 erbaute Juwel. „Die Menschwerdung des Herrn" ist Thema des Deckenfreskos, das vom berühmtesten bayerischen Barockkünstler, Cosmas Damian Asam auf dem Höhepunkt seines

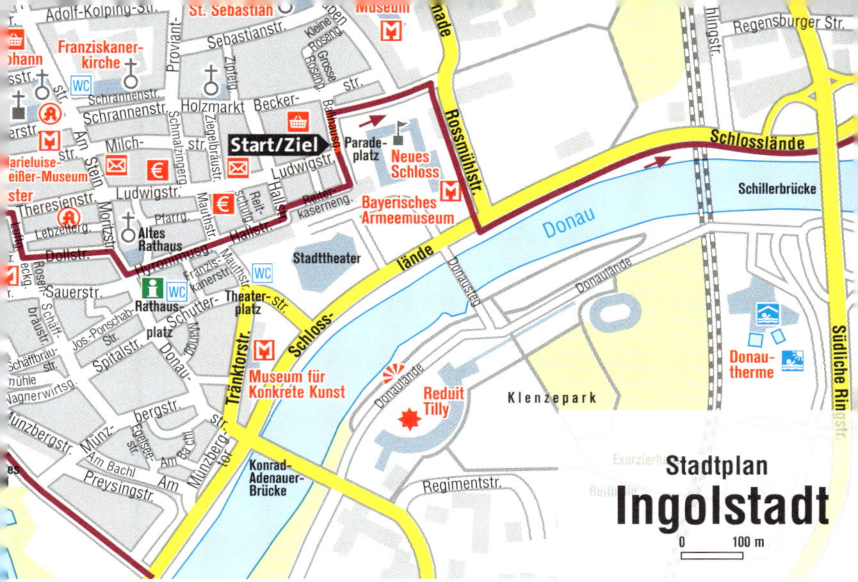

Stadtplan
Ingolstadt

0 100 m

Schaffens gemalt wurde. Auch die Ausmaße sind begeisternd: 30 Meter auf 15 Meter groß ist das Gemälde. So kam die Kirche Maria de Victoria zu ihrem zweiten, geläufigen Namen. Die zweite Kostbarkeit ist die 1708 fertiggestellte Lepanto-Monstranz, die in der Schatzkammer zu sehen ist. Das filigrane, in Gold und Silber gehaltene Kunstwerk zeigt die siegreiche Seeschlacht der Christen über die Türken bei Lepanto.

Tipp: Orgelmatinee um Zwölf. Die beliebte Konzertreihe findet von April bis Oktober jeden Sonntag um 12 Uhr in der Asamkirche Maria de Victoria statt.

Essen, Trinken & Durchatmen

Ein kulinarischer Abzweig

Gasthaus Blaue Traube
Küche: ***Bayerische Schmankerl***
Spezialität:
Wild aus heimischen Wäldern
Preis: ***mittel***
Übernachtungsmöglichkeit: ***ja***

Gasthaus zur Blauen Traube
Amalienstraße 49
86633 Neuburg an der Donau
Tel. +49 8431 8392
info@zur-blauen-traube.de

Hotel–Gasthof zum Anker
Küche:
regional und international
Spezialität: ***Ankers Steakpfandl***
Preis: ***mittel***
Übernachtungsmöglichkeit: ***ja***

Hotel-Gasthof zum Anker
Tränktorstraße 1
85049 Ingolstadt
Tel. +49 841 30050
https://hotel-restaurant-anker.de

Durch die Weltenburger Enge

51 km

Kelheim

Ingolstadt

hm **441** Abstieg

418 Aufstieg

N

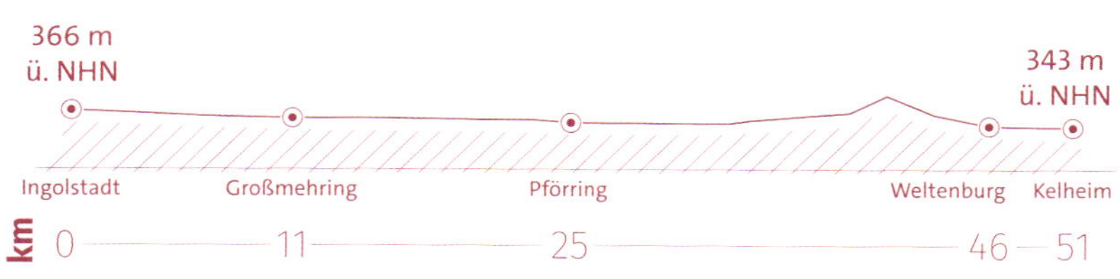

Ingolstadt ade. Vom Neuen Schloss aus radelt man an die Donau. Flussabwärts führt der Donauradweg in den Ort Kleinmehring der Gemeinde Großmehring. Hier wechselt man die Uferseite und erreicht die Herzogstadt Vohburg. Rechts oben erhebt sich der Burgberg. Durch das Burgtor gelangt man zum Pflegschloss und der Kirche St. Peter. Herzog Albrecht IV. ließ 1477 am Burgtor ein Steinwappen anbringen. Es ist das älteste in Bayern. Rund um den Burgberg steht die einst mächtige Burgmauer mit Wehrgängen. Eine tolle Rekonstruktion. In der Burgmauer, in der Nähe des Burgtores, ist ein Verlies vorhanden, in dem wie erzählt wird Agnes Bernauer, die Tochter eines Baders, eingekerkert gewesen sein soll. Sie war die Geliebte des bayerischen Herzogs Albrecht III. Durch diese nicht standesgemäße Verbindung geriet Albrecht mit seinem Vater Ernst übers Kreuz, der Agnes Bernauer 1435 in der Donau ertränken ließ.

Wer von Süden her auf den Stadtplatz kommt muss das repräsentative Klein-Donau-Tor aus dem Jahre 1471 passieren, das Wahrzeichen der Stadt. Das Klein-Donau-Tor ist der südliche Eingang zum Stadtplatz.

An der Donaubrücke wechselt man wieder einmal die Uferseite der Donau und radelt über Dünzing und Wackerstein nach Pförring. Hier sollte man unbedingt den kurzen Weg zum Kleinhäuslermuseum im Marktturm einplanen. In dem 500 Jahre alten Turm hat die Familie Lohr mit viel Liebe zum Detail ein einzigartiges Museum geschaffen.

Von Pförring aus geht es nun zur Straßenbrücke der B299. Am anderen Donauufer liegen Neustadt a.d. Donau und Bad Gögging.

Hier holt uns die Zeit der römischen Besatzung ein. Das **Römische Museum für Kur- und Badewesen** 33 in der

Lohnenswerte Schlenker

entlang des Weges

33 Ein Römisches Staatsbad

Bad Gögging

Ein römisches Bad unter der St.-Andreas-Kirche? Was 1843 Archäologen vermuteten, wurde 1960 zur Gewissheit. Man legte das größte römische Heilbad auf bayerischem Boden frei. Im Museum ist nur ein Teil des Hauptbaderaumes zu sehen. Das Bad war mindestens 56 Meter lang und 30 Meter breit. Es gab Räume für Kaltwasserbehandlungen und Therapien mit warmem Wasser. Wand und Boden waren beheizt. Zwei Feuerstellen lieferten die Wärme. Neben der St.- Andreas-Kirche ragt ein „Gläsernes Schutzschild" in den Himmel. Ein Werk der Glaskünstlerin Brigitte Schuster aus Schrobenhausen. Es symbolisiert den Obergermanisch-Raetischen Limes, das größte archäologische Bodendenkmal Europas, das seit 2005 Welterbe der UNESCO ist.

34 Das Römerkastell Abusina

Wo die Vergangenheit lebt

Es ist 300 nach Christus. Plündernde Stämme ziehen durchs Land und machen Soldaten und Zivilisten im Kastell Abusina das Leben schwer.
Das Kastell war im 1. Jahrhundert n. Chr. Teil einer Reihe von Kastellen entlang der Donau. Im 2. und 3. Jahrhundert errichteten römische Legionen den Obergermanisch-Raetischen Limes. Abusina wurde in den Limes einbezogen und zu einem stark befestigten Kastell ausgebaut. Bis ins frühe 5. Jahrhundert sicherte es die Grenzen Roms. Eine Brandkatastrophe zerstörte das Kastell um 430 n. Chr. In dieser Zeit endete dann auch die kontrollierte Überwachung der Donau durch römische Grenztruppen.
Die Überreste der Gebäude und Wehranlagen sind im Freilichtmuseum bei Einig zu besichtigen. Unter dem Motto „Römer, Rettich und Randale“ gibt es Erlebnisführungen im Kastell. Von Ostern bis September jeden Samstag um 10:30 Uhr.
Und jedes Jahr im August erwacht das Kastell für drei Tage zum Römerfest „Salve Abusina“. Römische Legionäre, Germanen, Handwerker und Händler ziehen wieder ein.

Highlights am Wegesrand **35**

Benediktinerabtei Weltenburg

Gegründet um das Herzogtum „Baiern" zu missionieren steht das Benediktinerkloster Weltenburg seit 610 n. Chr. an der Stelle, wo schon Kelten und Römer ihre heiligen Stätten errichteten. Bereits um 1050 wurde hier die erste und damit älteste Klosterbrauerei eingerichtet. Abt Maurus Bächl ließ ab 1716 das Kloster in die üppige barocke Anlage umbauen und die Klosterkirche neu errichten. Die Säkularisierung der Abtei 1803 war nur von kurzer Dauer. Bereits 1842 wurde sie von König Ludwig I. als Priorat und 1913 von König Ludwig III. als Abtei bestätigt.
Das Äußere der Kirche ist schlicht und einfach und lässt nicht den inneren Reichtum, ja nicht einmal die innere Raumgestaltung erahnen. Die von den Gebrüdern Asam in den Jahren 1716–1739 erbaute und ausgestaltete Abteikirche zählt zu den Spitzenleistungen des europäischen Barocks. Das Deckenfresko in der Kuppel stellt den Hl. Geist als die Herzmitte der Kirche, vorne Gottvater und Gottsohn, wie sie Maria krönen dar. Darunter schließt sich die Aufnahme des Kirchenpatrons St. Georg an.
Heute betreut die Gemeinschaft der Mönche zwei Pfarreien sowie Gäste, die im Gästehaus St. Georg übernachten möchten. Den Touristen vermitteln sie die Botschaft des christlichen Glaubens über die Architektur und Kunst der Abtei. Empfehlenswert ist auch eine Führung in der Brauerei, die von April bis Oktober an den Wochenenden angeboten wird. Und natürlich gibt es in der ältesten Klosterbrauerei der Welt eine Klosterschenke; dann zum Wohl.

Kirche St. Andreas zeigt Überreste des ältesten römischen Heilbades Bayerns. Kaiser Trajan ließ es 80 n. Chr. erbauen. Die Legionäre Roms, der nahe gelegenen Grenzbefestigung Abusina, entdeckten die wohltuende Wirkung des Schwefelwassers der Bad Gögginger Quellen. Also auf nach **Abusina** **34** kurz vor dem beschaulichen Ort Eining. Das Römerkastell ist Teil des UNESCO-Weltkulturerbes Limes. Die Überreste der Gebäude und Wehranlagen zeigen uns, wie die römischen Soldaten fast 400 Jahre lang die Nordgrenze des römischen Reiches sicherten.

Von Eining aus führt der Donauradweg erst einmal weg von der Donau, um den Sandberg herum, um bei Staubing wieder auf die Donau zu stoßen. Folgt man dem Wasser, rückt schnell Weltenburg ins Blickfeld. Bis zum **Kloster Weltenburg** **35** wird der Taleinschnitt immer tiefer und steiler. Hier beginnt die **Weltenburger Enge** **36**, der Donaudurchbruch mit einem der wohl spektakulärsten Naturpanoramen überhaupt. Vom Kloster fahren Ausflugsschiffe durch die Enge nach Kelheim und zurück. Wer zur „Seekrankheit" neigt, kann die Festlandvariante über den

Highlights am Wegesrand **36**

Abenteuer Weltenburger Enge

Der rund 5 Kilometer lange und stellenweise nur 110 m breite Donaudurchbruch ist einer der letzten unverbauten Flussabschnitte und umfasst die Engstelle des Donautals zwischen Weltenburg und Kelheim. Hier strömt der Fluss zwischen den bis zu 70 Meter aufragenden Kalkfelswänden, der sogenannten Stillen und der Langen Wand, hindurch. Im Jahr 2020 wurde das ausgewiesene Naturschutzgebiet als Nationales Naturmonument ausgezeichnet. Ausführliche Informationen zur Entstehung finden sich auf der Seite vom Bayerischen Landesamt für Umwelt (www.lfu.bayern.de). Die bizarre Natur der Donau in der Weltenburger Enge erlebt man am spektakulärsten auf einem Fahrgastschiff, in einem Kanu oder einer Zille. Als geübter Kanute kann man sich allein durch die Enge wagen. Traditioneller ist jedoch die geführte Fahrt in der Zille, dem historischen Boot der Donaufischer. Am Kloster Weltenburg beginnen die Abenteuer mit der Zille. Die Fahrgastschiffe verkehren zum Donaudurchbruch zwischen Kelheim und Kloster Weltenburg täglich von Mitte März bis Anfang November.

Eichberg nach Kelheim wählen. Dort angekommen, sollte man den Blick hoch hinaufrichten, zur **Befreiungshalle** 37 auf dem Michelsberg, dem Wahrzeichen der Stadt.

Durch das Donautor gelangt man in die Altstadt zum Weißen Bräuhaus mit einem der schönsten Biergärten Bayerns (wird so erzählt) und zum alten Rathaus, das 1548 repräsentativ auf die Mitte der Straßenkreuzung gebaut wurde. Durch das Mittertor kommt man zum **Orgelmuseum** 38 und dem Alten Kanalhafen. Er war Teil des **Ludwig-Donau-Main-Kanals** 39 und wurde 1846 eröffnet. Schleuse, Hafenbecken, Kran und Lagerhallen sind ein Denkmal hervorragender Ingenieurbaukunst aus der Zeit König Ludwig I. Am Ende der Altmühlstraße gelangt man durch das Altmühltor zur Altmühl. Wie das Donautor wurde es Mitte des 13. Jahrhunderts errichtet.

Highlights am Wegesrand **37**

König Ludwigs Nationaldenkmal

Ein Monument auf dem Michelsberg

Die eindrucksvolle landschaftliche Umgebung bewog König Ludwig I. von Bayern, auf dem Michelsberg zwischen den Flusstälern der Donau und Altmühl ein Nationaldenkmal für die siegreichen Schlachten gegen Napoleon in den Befreiungskriegen 1813–1815 zu errichten. Sechzig Meter hoch ist das monumentale Bauwerk, das der König vollständig aus eigener Tasche bezahlte. Zur Grundsteinlegung am 19. Oktober 1842 komponierte Joseph Hartmann Stuntz ein Lied nach einem Gedicht von König Ludwig I. Es besingt die Kämpfer und Sieger der Befreiungskriege. Die Zahl 18 versinnbildlicht als Allegorie die 18 Kolossalstatuen an der Außenfassade und das Datum der Völkerschlacht bei Leipzig (18.10.1813), an dem die Truppen Napoleons von der Koalition vernichtend geschlagen wurden.

Im monumentalen Innenraum der Befreiungshalle reichen sich 34 Siegesgöttinnen die Hände zu einem feierlichen Reigen. Sie stützen 17 vergoldete Schilde, die aus der Bronze eingeschmolzener Geschütze gefertigt sein sollen. Der Marmor der Statuen sollte aus Schlanders in Tirol beschafft werden. Nur 6 Siegesgöttinnen wurden aus ihm geschaffen. Für die übrigen 28 wurde der Marmor aus Carrara beschafft.

TREFFEN
MDCCCXIV
TREFFEN
MDCCCXIV

Lohnenswerte Schlenker

entlang des Weges

38 Orgelmuseum Kelheim

Ein Haus voller Musik

Das Museum in der Franziskanerkirche zeigt Orgeln mit zweierlei Techniken. Da wären die Brucker-Orgel und die Geiselhöringer Orgel als Beispiel pneumatischer Instrumente. Die Brucker-Orgel wurde 1910 von der Regensburger Orgelbauwerkstätte Martin Binder & Sohn mit 832 klingenden Pfeifen erbaut. Die voll mechanische Schleifladenorgel wurde um 1846 vom Orgelbauer Josef Mühlbauer dem Jüngeren erstellt. Heute besitzt sie 9 Register mit insgesamt 416 klingenden Pfeifen. Ebenfalls zu den mechanischen Instrumenten zählen die spielbare Köferinger Orgel und das Neapolitanische Orgelpositiv.
Museumssaison ist vom 1. April bis 31. Oktober, Dienstag – Sonntag, 14 – 17 Uhr.

39 Kelheim – Bindeglied einer europäischen Wasserstraße.

„Donau und Main für die Schifffahrt verbunden, ein Werk von Carl dem Großen versucht, durch Ludwig I. König von Bayern neu begonnen und vollendet MDCCCXLVI".
Dies steht am Kanaldenkmal in Erlangen geschrieben und verdeutlicht das Leitmotiv seiner Idee: Die Verbindung von Orient und Okzident. Ludwig I. war ein Visionär, dachte in europäischen Dimensionen, wie Carl der Große und Napoleon I. Kaiser von Frankreich. Im Juli 1846 ist der „Ludwig-Donau-Main-Kanal" dem Verkehr übergeben worden. Von Schleuse Nr. 1 in Kelheim bis Schleuse Nr. 100 in Bamberg war mit dem 172,44 km langen Kanal eine europäische Wasserstraße zwischen Schwarzem Meer und Nordsee geschaffen worden.
Mit der Eröffnung des Main-Donau-Kanals am 25. September 1992 gewann Kelheim nach rund 150 Jahren wieder Anschluss an die europäische Schifffahrt.

Essen, Trinken & Durchatmen

Ein kulinarischer Abzweig

Gasthof Gigl
Küche: ***regional***
Spezialität: ***frischer Sonntagsbraten***
Preis: ***mittel***
Übernachtungsmöglichkeit: ***ja***

Gasthof Gigl
Herzog-Ludwig-Straße 6
93333 Neustadt a.d. Donau
Tel. +49 9445 9670
www.gigl.de

Klosterschenke Weltenburg
Küche: ***regional***
Spezialität: **Bier aus der ältesten Klosterbrauerei der Welt**
Preis: ***mittel***
Übernachtungsmöglichkeit: ***ja***

Klosterschenke Weltenburg
Asamstraße 32
93309 Kelheim
Tel. +49 9441 67570
www.klosterschenke-weltenburg.de

Das Welterbe Regensburg

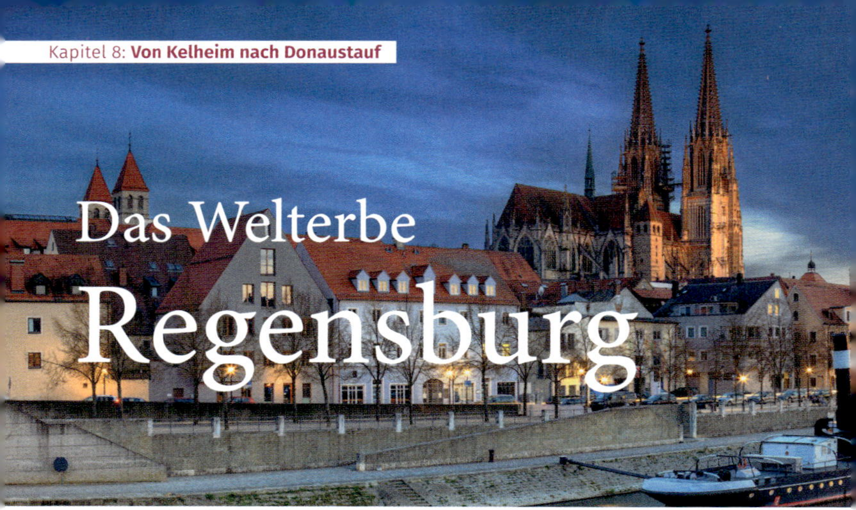

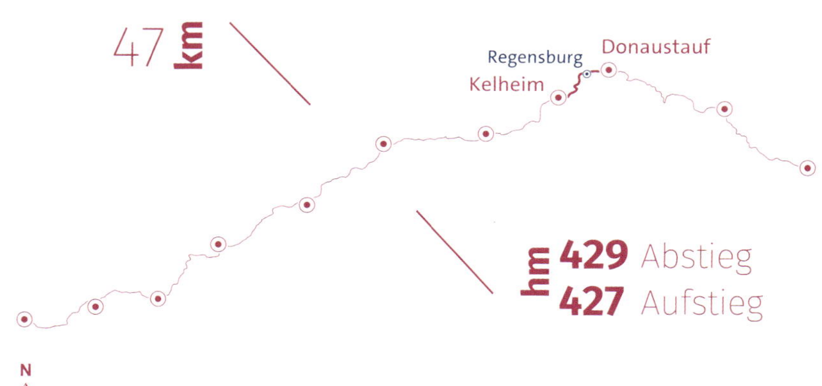

Streckenprofil

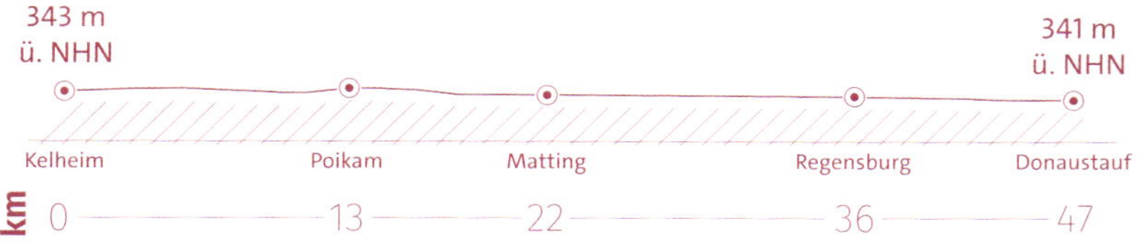

Nach so vielen Highlights geht es über die geschwungene Fußgängerbrücke an das andere Ufer. Nein, nicht an das der Donau, sondern an das des Main-Donau-Kanals bzw. das der Altmühl. Oberhalb der Altmühl liegt das Keldorado, das Kelheimer Bade- und Freizeitparadies. Bald erreicht man die Mündung der kanalisierten Altmühl in die Donau. Ab hier geht es nun am Donauufer über Kelheimwinzer, Herrnsaal und Kapfelberg nach Poikam. Am Wasserkraftwerk Bad Abbach radelt man über die Donau und erreicht **Bad Abbach** **40**. Wie Kaiser Karl V. so schätzt man heute und hier die Schwefelbäder der Kaiser-Therme als wahren „Gesundbrunnen" für den Körper. Im Reich von Kaiser Karl V. „ging die Sonne nicht unter", so groß war es. 1520 wurde er im Kaiserdom zu Aachen zum „erwählten" Kaiser des Heiligen Römischen Reiches gekrönt.

Ungekrönt geht es weiter nach Oberndorf und Matting. An der Fähre gibt es einen Gasthof, das Zunftstüberl. Mit großen Schritten nähert sich der Donauradweg Regensburg. Vorher kommt man aber noch durch Unteriräding. Auch hier gibt es einen Gasthof. Dann gelangt man an die Mündung der Naab. Gegenüber auf dem Naabspitz steht die Wallfahrtskirche Mariaort. Richtung Regensburg passiert man den Donaupark. Ab dem Kraftwerk Regensburg umfließt die Donau drei Inseln: Oberer Wöhrd, Unterer Wöhrd und Stadtamhof.

Am Herzogpark erreicht man die Altstadt von Regensburg. Die Ankunft wird leider nicht von den Domspatzen angekündigt. Nicht zu übersehen ist jedoch die **Steinerne Brücke** **41**. Neben dem **Regensburger Dom** **42** ist sie das bedeutendste Wahrzeichen der Stadt und war sicherlich ein Grund für die Aufnahme Regensburgs in die UNESCO-Welterbeliste. Durch das Brücktor führt die Steinerne Brücke zum „Altbaierischen" Stadtteil Stadtamhof. Am Brücktor, im alten Salz-

Lohnenswerte Schlenker **40**

Bad Abbach

Heilkraft aus der Tiefe

Wenn der Duft von Kräutern in der Nase liegt, dann ist der Hildegard-von-Bingen-Garten nicht fern. Mensch, Umwelt, Leib und Seele, alles steht in stetiger Verbindung. So steht es in den Schriften der Hildegard von Bingen, in denen sie einen neuen Weg zu Leben, Natur, Umwelt und Seelenheil aufzeigt. „Sanus per aquam“ (SPAM) – „Gesund durch Wasser“.

Das ist der Anspruch der Kaiser–Therme an sich selbst. Aus einer Tiefe von über 500 Metern gelangt das staatlich anerkannte Heilwasser zur Kaiser-Therme. Auf dem langen Weg wurde das Wasser auf natürliche Weise gefiltert und mit wertvollen Mineralstoffen angereichert. In der Kaiser–Therme hat man die Wahl zwischen Wildwasser–, Schwimm– oder Entspan-

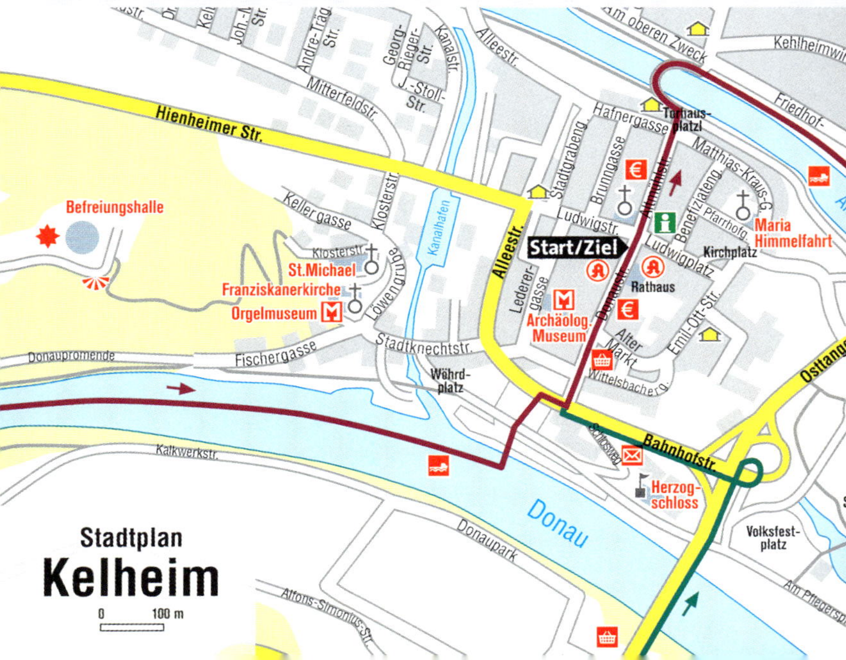

nungsbecken mit Wohlfühltemperaturen zwischen 28 und 36 Grad Wassertemperatur.

Auf der Donauinsel, zwischen der Donau und dem Schleusenkanal, liegt das Inselbad. Das Wasser ist seidenweich, denn gereinigt wird es in einem biologischen Regenerierteich. Die Lage mit Blick auf die Oberndorfer Hänge und den Heinrichsturm auf dem Schlossberg im Kurort ist traumhaft. Der Turm dort oben ist der mächtige 27 Meter hohe Bergfried der ehemaligen Burganlage von Ludwig dem Kelheimer. Er ist das Wahrzeichen des Kurortes, von den Bürgern auch Hungerturm genannt.

stadel, befindet sich das **Besucherzentrum Welterbe** 43. Wenige Schritte auf der Brückstraße Richtung Altstadt führen zur Goliathstraße und zum Gemälde „Kampf David gegen Goiliath". Rechts gelangt man zum **Alten Rathaus** 44 und links zum Dom St. Peter. Mit seinen weit sichtbaren Türmen ist der Dom Mittelpunkt der UNESCO-Welterbestadt.

Unter dem Begriff **DOCUMENT** 45 verbindet die Stadt Regensburg sieben Schauplätze zur 2000- jährigen Geschichte, von der Porta Praetoria, dem ältesten Ge-bäude der Stadt über den Reichstag bis zur einstigen Schnupftabakfabrik der Gebrüder Bernhard. Nomen est Omen – der Name der Stadt leitet sich vom Fluss Regen ab, an dem die Römer ihr Legionskastell bauten und es Regino nannten.Genug der Geschichte, denn ein paar Kilometer entfernt liegt Donaustauf und die Walhalla über dem Donautal. Über Schwabelweis und Tegernheim führt der Radweg an das Altwasser der Donau unterhalb von Donaustauf. Am Abzweig

Highlights

Am Wegesrand

41 Steinerne Brücke

Die Steinerne Brücke, die den altbayerischen Stadtteil Stadtamhof mit der Regensburger Altstadt verbindet, galt im Mittelalter als ein echtes Weltwunder. Sie wurde innerhalb von nur 11 Jahren erbaut und 1146 „dem Verkehr übergeben“.
Der rege Handelsverkehr im Mittelalter erforderte den dauerhaften Flussübergang. So entschlossen sich Rat und Bürgerschaft zur Errichtung der Brücke. Nahezu 800 Jahre lang, bis 1935, blieb sie die einzige Brücke, die in Regensburg und im weiten Umkreis als zuverlässiger Donauübergang diente.

46 Walhalla

Ein Nationaldenkmal

König Ludwig I. von Bayern ließ hoch über der Donau eines der bedeutendsten deutschen Nationaldenkmäler errichten. Es sollte ein Gedächtnisort entstehen, an dem verdiente deutschsprachige Männer und Frauen gewürdigt werden sollten. Dies vor dem Hintergrund des als schmachvoll empfundenen Siegeszuges der Armeen Napoleons I. Der Name „Walhalla" wurde mit Bezug auf das gleichnamige Kriegerparadies der germanischen Mythologie gewählt. Als seinen Architekten wählte Ludwig I. Leo Klenze aus. Die entscheidende Inspiration für dessen Entwurf lieferte ihm der berühmte Parthenon auf der Athener Akropolis. Am 18. Oktober 1842 konnte die Walhalla feierlich eröffnet werden. Der innen und außen mit kostbarem Marmor verkleidete Tempel erhebt sich über einem gewaltigen, gestuften Unterbau. Im Inneren sind die Büsten und Gedenktafeln der von Ludwig I. ausgewählten „Walhallagenossen" aufgereiht, eine Zusammenstellung der im 19. Jahrhundert als Vorbild erachteten Herrscher, Feldherren, Wissenschaftler und Künstler.

Highlights am Wegesrand **42**

Der Dom St. Peter zu Regensburg

Denkmal einer starken Kirche

Eine erste „ecclesia sancti Petri" wurde 788 errichtet, im frühen 9. Jahrhundert eine dreischiffige Basilika, die dann Anfang des 11. Jahrhunderts großzügig erweitert wurde.

Der verheerende Brand 1273 gab dann den Ausschlag für einen kompletten Neubau ab 1276 im Stil der aufkommenden „moderne", der französischen Gotik.

König Ludwig I. ließ dann alle nicht-gotischen Elemente im Dom entfernen. Im Bewusstsein der damaligen Zeit war die gotische Kathedrale „Denkmal" einer starken Nation und einer starken Kirche.

So wurde schließlich mit finanzieller Unterstützung der bayerischen Könige Ludwig I. und Maximilian II. 1872 der Regensburger Dom als ein bayerisches Nationaldenkmal vollendet.

Die meisten der wertvollen Farbfenster im Dom sind zwischen 1220 und 1370 entstanden. Die Fenster in der Westfassade sind vor 150 Jahren hinzugekommen.

Im Mittelschiff fällt die Steinkanzel sofort ins Auge. Auf ihr hat schon 1557 der hl. Petrus Canisius gepredigt. Domprediger Dr. Johann Maier mahnte von dort vor den Nationalsozialisten und wollte die Stadt kampflos an die Alliierten übergeben.

Am 24. April 1945 wurde er dafür von den Nationalsozialisten durch den Strang hingerichtet.

Wunderwerke der Goldschmiede zeigt das Domschatzmuseum. Ein zierlicher Schmetterling, gerade mal 5 cm breit, zeigt auf seinen leuchtend bunten Flügeln eine komplette Kreuzigungsszene. Dieses Wunderwerk der Goldschmiedekunst, gefertigt um 1320, ist nur eines von vielen wunderschönen Objekten im Domschatzmuseum.

Zu den Wunderwerken alter Handwerkskunst zählen auch das böhmische Ottokarkreuz, das berühmte Emailkästchen mit fantastischen Fabeltieren, zwischen denen ca. 11.000 kleine Goldsterne eingeschmolzen wurden.

Donaustauf-Ost ist das Ziel erreicht. Durch die Straßenunterführung gelangt man in die Altstadt. Hier kann man entscheiden ob es rechts hinauf zur **Walhalla** 46 geht oder geradeaus zur **Burgruine Donaustauf** 47 – zu empfehlen ist beides.

Highlights am Wegesrand **43**

Welterbestadt Regensburg

Römische Legionen gründeten zur Zeit Marc Aurels 179 n. Chr. das Legionslager Castra Regina. Die Agilofinger übernahmen das Lager und nannten es bayerisches Zentrum und Herzogsresidenz Reganespurc. 739 wird Regensburg zum Bistum des heiligen Bonifatius. Mit dem Bau der Steinernen Brücke beginnt die wirtschaftliche Blütezeit der Stadt. „Freie Reichsstadt" bleibt sie von 1245 bis 1803. Seit 2006 zählt Regensburg zum Weltkulturerbe der UNESCO.

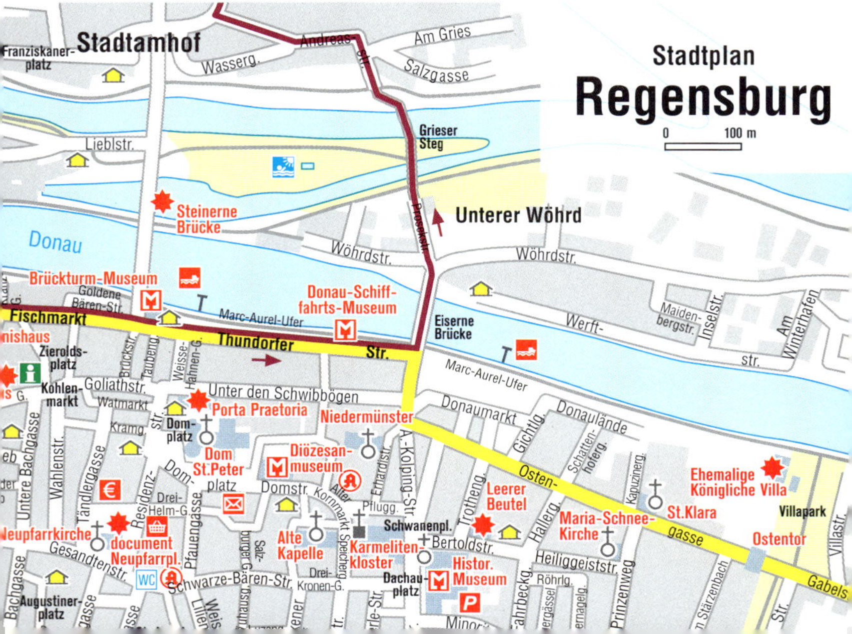

Das Welterbezentrum an der Steinernen Brücke gibt einen prägnanten Überblick zur Geschichte der Stadt. In fünf Themen wird der Besucher per Medienguide von den Wurzeln der Stadt, die zweitausend Jahre bis in die Römerzeit zurückreichen, über die Handelsstadt und die Steinernen Brücke, die Gelehrten, die Wissenschaft, Kunst und Kultur in die Stadt brachten und Regensburg als politisches Zentrum des Heiligen Römischen Reiches informiert. Gleich nebenan, im letzten erhaltenen der ursprünglich drei Türme der Steinernen Brücke, ist das Brückturmmuseum untergebracht. Hier wird die Geschichte der Brücke erzählt, und einen unvergleichlichen Blick aus den Fenstern gibt es obendrein.

Lohnenswerte Schlenker

entlang des Weges

44 Alte Rathaus

Leuchtend gelb mit einem imposanten Turm. So kann man das Alte Rathaus aus dem 13. Jahrhundert beschreiben. Man findet es am Kohlenmarkt. Ab 1594 fanden hier die vom Kaiser einberufenen Reichsversammlungen statt. Heute ist dort die Tourist-Information zu finden.

45 Porta Praetoria

Die „Porta Praetoria" war zu Zeiten der Römer „Ausfalltor" des römischen Legionärslagers „Castra Regina" und lässt sich daher auf ein Alter von knapp 2.000 Jahren schätzen. Sie gilt als eines der ältesten noch erhaltenen Bauwerke in Regensburg. Lange Zeit hatten die historischen Bauwerke als „Steinbruch" fungiert. Die „Porta Praetoria" jedoch wurde bei den mittelalterlichen Baumaßnahmen teilweise in den Bischofshofs integriert und blieb auf diese Weise für die Nachwelt erhalten. Heute können Teile des Originalportals an der Nordseite des Bischofshofs besichtigt werden.

45 Schloss St. Emmeram

und die Fürstlichen Museen

Seit dem Jahr 1812 ist das ehemalige Reichsstift und

Benediktinerkloster St. Emmeram im Besitz des fürstlichen Hauses Thurn und Taxis. Im Laufe des 19. Jahrhunderts wurde das Kloster zu einer fürstlichen Residenz ausgebaut. Heute zählt sie zu den größten privaten Schlössern in Europa. Die Schlossanlage verfügt über prunkvoll eingerichtete Säle. Das prachtvolle Marmortreppenhaus führt in die Prunkräume der fürstlichen Residenz. Die Zeit der großen Feste im Fürstenhaus wird lebendig beim Betreten des Ballsaales, dem „Barocksaal". Der Silbersaal wurde von Erbprinzessin Helene von Thurn und Taxis, die Schwester von Kaiserin (Sisi) Elisabeth von Österreich, gestaltet.

Einen Hauch von Exotik spürt der Besucher im Wintergarten. Im 19. Jahrhundert erbaut, stellt er die Verbindung zwischen Ost- und Südflügel des Schlosses dar. Das Marstallmuseum im Schloss wurde 1935 als erstes Museum in Regensburg von Fürst Albert I. gegründet. Es verfügt über eine reiche Sammlung an Kutschen, Schlitten, Sänften und Tragsesseln des 18. bis frühen 20. Jahrhunderts. Im Nordflügel des Marstalls ist die Fürstliche Schatzkammer untergebracht. Hier werden die schönsten Kunstgegenstände aus den fürstlichen Sammlungen präsentiert. Hochwertiges Mobiliar, feines Porzellan, wertvolle Tabatieren, exklusive Waffen und erlesene Gold- und Silberpretiosen aus den führenden Kunstwerkstätten Europas.

47 Donaustauf

Zankapfel der Bischöfe und Fürsten

Nicht nur München hat seinen Chinesischen Turm, auch Donaustauf. Er steht im Fürstenpark unterhalb der Burgruine. Die stark befestigte Burg oberhalb des Fürstenparks wurde 930 zur Abwehr der Ungarneinfälle errichtet Sie eignete sich aber auch als vorzüglicher Hinterhalt. So wurden Kaufleuten ganze Schiffsladungen abgenommen. Die strategisch bedeutsame Lage machte sie zudem zu einem wertvollen, von allen Seiten begehrten Machtinstrument; zwischen dem Herzogtum Bayern, den Bischöfen des Hochstifts Regensburg und der freien Reichsstadt Regensburg.

Essen, Trinken & Durchatmen

Ein kulinarischer Abzweig

Weltenburger am Dom
Küche: ***Klassische Wirtshausküche***
Spezialität: ***Weltenburger Bockbierschnitzel***
Preis: ***mittel***
Übernachtungsmöglichkeit: ***nein***

Weltenburger am Dom
Domplatz 3
93047 Regensburg
Tel. +49 941 5861460
www.weltenburger-am-dom.de

Restaurant St. Erhard im Kolpinghaus
Küche: ***bayerisch und international***
Spezialität:
Regensburger Sauerbraten
Preis: ***mittel***
Übernachtungsmöglichkeit: ***ja***

Kolpinghaus Regensburg
Adolph-Kolping-Straße 1
93047 Regensburg
Tel. +49 941 59500/0
www.kolpinghaus-regensburg.de

„A Trumm vom Paradies“

Streckenprofil

341 m ü. NHN

315 m ü. NHN

Donaustauf — Wörth a. d. Donau — Straubing — Pfelling — Deggendorf

km 0 — 17 — 39 — 57 — 79

Ein letzter Blick hinauf zur Walhalla und wir machen uns auf den Weg quer durch Süddeutschland über Sulzbach, Demling entlang, der Donau nach Frengkofen und Kiefenholz. Hier teilt sich der Donauradweg in eine südliche Route direkt an der Donau entlang über die Schleuse Geisling nach Wörth und in die direkte Route nach Wörth a.d. Donau. Wörth liegt zwar auch nicht direkt am Weg aber den kleinen Abstecher zum Schloss sollte man machen. Die **Fürsten von Thurn und Taxis** bekamen das Schloss von den Wittelsbachern als Entschädigung für das verloren gegangene Postmonopol.

Aber zurück zum Donauradweg und wei-ter entlang der Autobahn nach Pondorf an das Donauufer. Dann kommt man in den kleinen Ort Pittrich und nach Kößnach. Ab der Wallfahrtskirche Mariä Himmelfahrt in Sossau radelt man dann entlang der Straße über die Donau zur **Altstadt von Straubing** 48 .

Eigentlich weist schon die **Basilika St. Jakob** mit ihrem hohen, spitzen Turm den Weg zur Fußgängerzone und zum **Stadtturm** mittendrin zwischen Theresien- und Ludwigsplatz. Einen Abstecher in die Fraunhoferstraße zum **Gäubodenmuseum** sollte man jedoch im Programm haben. Dort sind der weltberühmte Straubinger Römerschatz sowie einmalige Schmuck- und Waffenstücke der Bajuwaren ausgestellt.

Am Herzogschloss verlässt man Straubing und radelt über die Insel Gstütt nach Hornstorf und Reibersdorf. Durch die Donau-straße führt der Weg am Ufer entlang nach Bogen. Rein nach Bogen und rauf auf den Bogenberg zum Kreismuseum und Wallfahrtskirche Mariä Himmelfahrt. Sie gilt als die älteste Marienwallfahrtskirche Bayerns. Aus diesem Grund wird der 118 Meter hohe Bogenberg auch als heiliger Berg Niederbayerns bezeichnet. Im Kreismuseum wird die Wallfahrt zum heiligen Berg Bayerns erklärt, übrigens

Lohnenswerte Schlenker 48

Straubing

Eine Stadt inmitten der Kornkammer Bayerns

Oberhalb des Großparkplatzes „Am Hagen“ befindet sich das Zentrum Straubings, eine mittelalterliche Stadtanlage aus dem 13. Jahrhundert. Dort öffnet sich dem Besucher ein Bilderbuch der Geschichte: Der gotische Stadtturm, Wahrzeichen Straubings, von dem man einen fantastischen Blick zum Bayerischen Wald und über den Gäuboden hat. Vom Ludwigsplatz zweigt die Fraunhoferstraße ab, in der sich das Gäubodenmuseum befindet.

Glanzstück der Sammlung ist der 1950 entdeckte Schatz römischer Paraderüstungen mit Gesichtshelmen, Beinschienen und Rossstirnen. Interessantes über Straubing und Bayern zeigt die Abteilung „Baiern Gefunden! Die Entstehung Straubings“.

Öffnungszeiten:
Dienstag bis Sonntag
von 10 – 16 Uhr

Lohnenswerte Schlenker 

Altes Rathaus

und Kirche St. Peter und Paul

Das Wahrzeichen der Stadt sind aber nicht die Knödel, obwohl sie es verdient hätten. Es ist das Alte Rathaus mit dem imposanten gotischen Turm aus dem Jahre 1535 mitten auf dem Stadtplatz. Schon Richtung Donau reckt sich seit 1727 einer der schönsten Barocktürme Süddeutschlands in den bayerischen Himmel. Er gehört zur wuchtigen Heiligen Grabkirche „St. Peter und Paul“. Am Hafen der Stadt erinnert das Schiffmeisterhaus an den einstigen Umschlagplatz von Gütern aus dem Hinterland für die Donauschifffahrt und umgekehrt. Hier war bis 1851 der Schiffsmeister ansässig, der den Gütertransport überwachte und in den Speicherräumen seines Hauses auch Salz und Getreide einlagerte. Bis 1904 wurde es von verschiedenen Kaufleuten und Holzhändlern genutzt. Im Jahre 1904 hat es dann das Straßen– und Flussbauamt von der Tochter des letzten Schiffsmeisters Josef Greckl erworben.

mit großartiger Aussicht über das Donautal. Hinauf gelangt man über Hofweinzier auf dem Bogenberger Weg.

Zurück in Hofweinzier folgt man erst einmal der Staatsstraße nach Pfelling. Ab hier radelt man am Donauufer nach Mariaposching und weiter entlang der Donau nach Metten. Nördlich der Donau weisen zwei gelbe Zwiebelhauben den Weg zum Benediktinerkloster Metten. Mehr als 1.250 Jahre wird dort das „Lob Gottes“ gefeiert. Durch das Wald- und Sumpfgebiet führte im 8. Jahrhundert kein einziger befestigter Weg. Der bayerische Herzog Tassilo wollte aber dieses Grenzland zu Böhmen hin besiedeln und kultivieren. Benediktiner sorgten dafür, dass mit Hilfe tüchtiger Bauernsöhne Rodung und Besiedlung möglich wurde.

Heute sind die meisten Wege befestigt und so erreichen wir unbeschwert **Deggendorf** 49 am Donaupark. Das Ziel liegt oberhalb der Donau mitten in der Altstadt am Alten Rathaus und der **Kirche St. Peter und Paul** 49 auf dem Luitpoldplatz.

Wissenswertes

im Gepäck

Die Deggendorfer Knödelsage

Es wird in Deggendorf eine Sage erzählt, nach der Deggendorf 1266 vor der Erstürmung durch die Truppen von Ottokar von Böhmen gerettet wurde, weil die Frau des Bürgermeisters den feindlichen Späher mit einem gerade zubereiteten Knödel in die Flucht schlug. In Anlehnung an diese Sage gibt es in Deggendorf eine Süß-speise, die „Deggendorfer Knödel“, mit einem geheimnisvollen Kern. Und einen Knödelbrunnen gibt es ebenfalls.

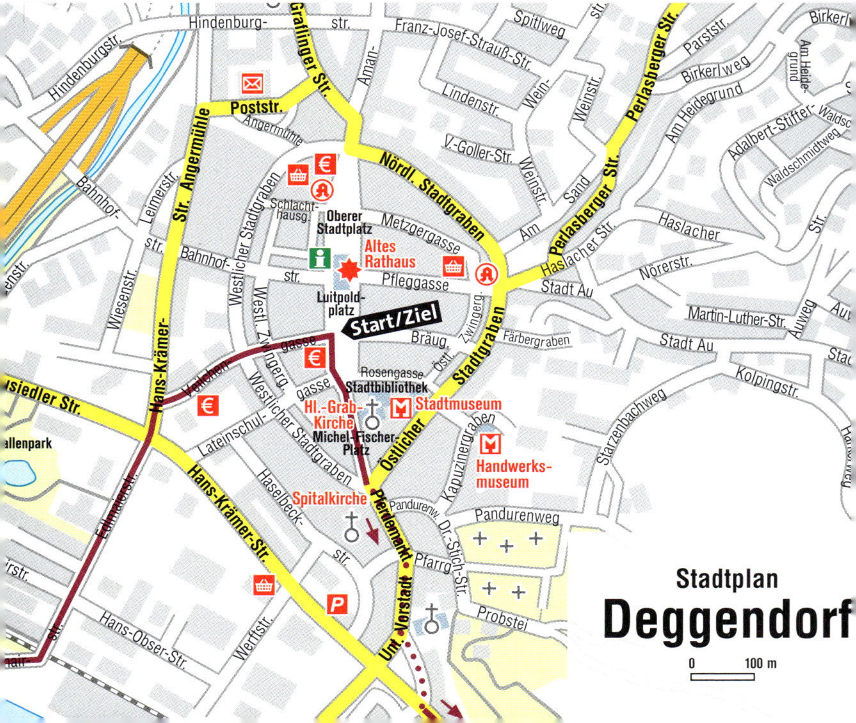

Stadtplan Deggendorf

0 100 m

Die „Duchessa“ Agnes Bernauer

Geliebt und ertränkt

Auf dem Kirchhügel von St. Peter (Bild) in Straubing stehen drei Kapellen, darunter die der Agnes Bernauer.

Herzog Albrecht verwaltete das an Bayern München gefallene Straubinger Land. Er lernte Agnes Bernauer, die Tochter eines Baders, 1428 während des Turniers in Augsburg kennen und führte sie als seine Geliebte noch im selben Jahr an den Münchner Hof. Nach der heimlichen Heirat bezog Agnes kurzzeitig die Blutenburg vor den Toren Münchens. Albrechts Vater, Herzog Ernst, schätzte Agnes Bernauer zunächst als eine der vorübergehenden Gespielinnen seines Sohnes ein, der „ain liebhaber der zarten frawen“ war. Die Angelegenheit spitzte sich zu. Albrecht verweigerte dem Vater zunehmend den schuldigen Gehorsam und zog mit der Bernauerin ins Schloss nach Straubing. Dort fungierte Agnes als Herzogin, als eine „Duchessa“. Albrecht musste aus Sicht seines Vaters standesgemäß heiraten, legitime Erben bekommen und sich dem väterlichen Willen fügen.

Agnes Bernauer wurde auf Befehl Herzog Ernsts in der Donau ertränkt. Der Henkersknecht stürzte sie am 12. Oktober 1435 von der äußeren Straubinger Brücke in die Donau. Albrecht heiratete ein Jahr später am 6. November 1436 standesgemäß Anna von Braunschweig.

Die Fürstenfamilie von Thurn und Taxis

Wie die Fürstenfamilie von Thurn und Taxis in Wörth a.d. Donau gehalten wurde

Lust auf ein wenig Historie? Die Geschichte beginnt mit dem Zerfall des Heiligen Römischen Reiches Deutscher Nation. Karl Theodor von Dalberg, Erzbischof von Regensburg und Erzkanzler des Heiligen Römischen Reiches unterzeichnete als Führer des Rheinbundes mit Napoleon I. Kaiser von Frankreich am 12. Juli 1806 die Rheinbundakte in Paris.

Die 16 Staaten des Rheinbundes erklärten dann auf dem Reichstag am 1. August 1806 ihren Austritt aus dem Reich. Das war dann auch der letzte Reichstag in Regensburg. Die auswärtigen Gesandtschaften verließen Regensburg. Ein großer wirtschaftlicher Schaden entstand. Zugleich gab es Gerüchte, dass auch das Haus Thurn und Taxis die Stadt verlassen wollte. Für den Fall des Verbleibs in Regensburg bot man umfangreiche Vergünstigungen an. Die Entscheidung über eine dauerhafte Niederlassung des Fürstenhauses in Regensburg fiel aber erst 1812 mit dem Postentschädigungsvertrag, und der Übereignung von Kloster St. Emmeram an das Fürstenhaus. Das Kloster gehörte bis dahin den Wittelsbachern, sprich dem Königreich Bayern. Erst 1978 trennte sich die Familie von Thurn und Taxis vom Familienbesitz Schloss Wörth (Bild links unten).

Das Gäubodenvolksfest

Das Gäubodenvolksfest ist „a Trumm vom Paradies". So heißt es Land auf, Land ab. Also ein Stück Paradies, indem sich jedes Jahr im August die Karussells drehen. Die Geschichte des Gäubodenfests beginnt im Oktober 1810 mit der Gründung des „Landwirtschaftlichen Vereins", der die rückständige Landwirtschaft in Bayern verbessern wollte. Dazu sollten auch Landwirtschaftsfeste veranstaltet werden. Das erste davon, das „Zentrallandwirtschaftsfest" fand 1811 in der Residenz- und Regierungsstadt München statt. Für das folgende Jahr genehmigte König Max I. solche Feste auch in den neun bayerischen Kreisen. Im „Unterdonaukreis" wurde das Landwirtschaftsfest am 11. und 12. Oktober 1812 veranstaltet – in Straubing.

Essen, Trinken & Durchatmen

Ein kulinarischer Abzweig

Wirtshaus zum Geiss
Küche: *Klassische* ***Wirtshausküche***
Spezialität: ***Schweinsbraten***
Preis: ***mittel***
Übernachtungsmöglichkeit: ***nein***

Wirtshaus Zum Geiss
Theresienplatz 49
94315 Straubing
Tel. +49 9421 300937
www.zumgeiss-straubing.de

Hotel Gasthof Höttl
Küche: ***regional-traditionell***
Spezialität:
Ofenfrischer Kalbstafelspitz
Preis: ***mittel***
Übernachtungsmöglichkeit: ***ja***

Hotel Gasthaus Höttl
Luitpoldplatz 22
94469 Deggendorf
Tel. +49 991 3719960
www.hoettl.de

Zum Abschluss ein Orgelkonzert

56 km

Deggendorf

Passau

hm **96** Abstieg
74 Aufstieg

N

Streckenprofil

315 m ü. NHN

293 m ü. NHN

Deggendorf — Winzer — Vilshofen — Maierhof — Passau

km 0 — 16 — 32 — 51 — 56

Auf, zu den letzten 56 Kilometern der Radtour durch Süddeutschland. Aus der Altstadt von Deggendorf radelt man nach Deggenau an die Donau, wo die „wilde“ Isar in die Donau mündet. Wild ist sie noch im Alpenvorland. Hier fließt sie mehr oder weniger kanalisiert durch ein mit vielen Altwassern durchsetztes Naturschutzgebiet zur Donau. Parallel zur Autobahn geht es dann nach Seebach.

Hier beginnt eine weiträumige ausgeschilderte Umleitungsstrecke des Donauradweges nach Niederalteich bis Winzer. Grund dafür sind umfangreiche Hochwasserschutzbauten am Donauufer. Daher ist der ursprüngliche Verlauf des Donauradweges bis auf Weiteres gesperrt.

Also bleibt man auf der Seite der Autobahn und radelt nach Seebach. Von dort erreicht man **Niederalteich** 50 und die großartige **Benediktinerabtei** 50. Die Mönche sind um ein gegenseitiges Verständnis der verschiedenen christlichen Kirchen und Traditionen bemüht. Daher feiern sie auch Gottesdienste im byzantinischen Ritus, in der byzantinischen Kirche St. Nikolaus.

Wer von Niederalteich an der gegenüberliegenden Uferseite auf der Alternativroute nach Winzer radeln möchte, kann hier die Donaufähre Altaha benutzen. Fährmann Johann Koneder bringt seine Fährgäste von Donnerstag bis Sonntag sicher über die Donau.

Über Thundorf, Aicha und Mühlham führt die Alternativroute über die Donaubrücke nach Winzer zur Hauptroute.

Wer der ausgeschilderten Umleitung des Donauradweges folgt, radelt zunächst nach Altenufer und entlang der Hengersberger Ohe nach Winzer. Auf dem Schlossberg sind weithin die Überreste der einst prächtigen Burganlage zu erkennen, das Wahrzeichen des Marktfleckens. Dann kommt man nach Loh und Flintsbach.

Lohnenswerte Schlenker

entlang des Weges

50 Benediktinerabtei Niederalteich

Das Turmhoroskop der Klosterkirche Niederalteich

Die große, ursprünglich gotische Hallenkirche beherrscht seit gut 700 Jahren die Donauregion unterhalb der Isarmündung. Seit ihrem Umbau zu einer Barockkirche zählt sie zu den schönsten Kirchenbauten Süddeutschlands. Glauben Sie an ihr Horoskop? Die Astrologen des 15./16. Jahrhunderts waren überzeugt, dass „das Werk der Menschen eingefügt ist in einen gesamtkosmischen Rahmen, der den Lauf der Welt bestimmenden göttlichen Ordnung". Das Horoskop aus der Renaissance wurde in eine Steinplatte am südlichen der beiden Kirchtürme eingemeißelt. In spätgotischer Schrift steht darunter: „Also stuendn des Hymls Figurn do Man Legt den erstn stay des Thurn durch Abbt Kylian Das Geschach an de vierunzwantzigistm Tag July des Monets als war Thausent funfhumdert viertzehen Jar."
Als Tag der Grundsteinlegung ist der 24. Juli des Jahres 1514 vermerkt.

Zwei Traditionen in einer Gemeinschaft

Die Mönche der Abtei des hl. Mauritius und des hl. Nikolaus leben zwei Traditionen. Sie feiern die Gottesdienste nach dem römischen sowie nach dem byzantinischen Ritus.

Ab dem 8. Jahrhundert leistete das Kloster Kultivierungsarbeit bis in den Bayer- und Böhmerwald hinein und wurde zum Zentrum der deutschen und christlichen Kultur in der Ostmark. Unter Karl d. Gr. und Ludwig d. Deutschen wurde der Besitz des Klosters bis in die Wachau vorgeschoben. Durch den Eintritt neuer Mitbrüder aus dem östlichen Europa konnte der von Papst Pius XI. bereits 1924 geäußerte Wunsch verwirklicht werden, Benediktinermönche mögen den byzantinischen Ritus annehmen, um im Geist der Ostkirche zu leben und so eine geistliche Brücke zum Osten zu bauen. Um den byzantinischen Ritus feiern zu können wurde die Kirche St. Nikolaus erbaut.

Zwischen dem Kirchenschiff und dem Altarraum gibt es eine eindrucksvolle Wand, die mit zahlreichen, wertvollen Ikonen geschmückt ist.

Wissenswertes im Gepäck

Austeilen im Bierzelt

Der Politische Aschermittwoch

Auf dem höchst gelegenen Terrain der Altstadt von Vilshofen an der Donau, auf der Bürg, stand im Mittelalter die Stadtburg. Dort oben liegt auch der „Wolferstetter Keller", der bekannte, ehemalige Veranstaltungssaal des „Politischen Aschermittwochs". Er war erstmals 1580 Treffpunkt bayerischer Bauern zum Vieh- und Rossmarkt. Sie feilschten dabei nicht nur über die Preise, sondern diskutierten auch heftig die Themen des Tages, darunter seit dem 19. Jahrhundert auch die königlich-bayerische Politik. So gilt doch das Jahr 1919, als der Bayerische Bauernbund erstmals zu einer Kundgebung aufrief, als eigentliches Geburtsjahr des Politischen Aschermittwochs.
Heute wird in Passau ausgeteilt.

Flintsbach hat nichts mit Feuersteinen oder den Zeichentrickfiguren der „Flintstones", der Familie Feuerstein, zu tun. Dort liegt das Ziegel- und Kalkmuseum mit einem kolossalen Brennofen aus dem Jahre 1883, in dem noch bis 1968 Kalk und Ziegel gebrannt wurden. Sie können den Ofen von innen und außen besichtigen.

Mitterndorf, Sattling, Neßlbach und Hofkirchen sind die nächsten Orte am Donauradweg. Von Unterschöllnach aus erkennt man bereits die Burgruine Hilgartsberg. Im Mittelalter Schrecken der Donauschiffer. Berüchtigt waren die Hilkersberger und die Puchberger. Sie betrieben Schiffsraub auf der Donau und unterhielten dorthin einen unterirdischen Gang. An der Burgruine gibt es ein schönes Museum, in dem Funde aus der Steinzeit präsentiert werden: Gefäße und Waffen aus der Bronzezeit, keltische Fibeln, römische Münzen und frühmittelalterliche Halbmondohrringe.

Schnurstracks geht es **Vilshofen** 51 entgegen. An der Donaubrücke weist der Stadtturm den Weg zur historischen Altstadt, neben der die Vils in die Donau fließt. So wie der **Stadtplatz** 51 heute aussieht, präsentiert er sich im Wesentlichen seit gut 200 Jahren. Am 12. Mai 1794 äscherte ein Großbrand fast die ganze Altstadt ein, nur der **Stadtturm** 51 blieb übrig. Wie der Chronist Vikar Kurz beschreibt, brach das Feuer um halb 12 Uhr im Stern-Wirtshaus aus und breitete sich rasend schnell aus. Schon zwei Stunden später brannte der Kirchturm „wie ein Feuerofen".

Wieder zurück über die Brücke führt der Donauradweg am Winklhof vorbei nach Windorf. Eine lang gestreckte Insel in der Donau begleitet uns ein Stück des Weges. Gerading lässt man links liegen und gelangt an die Häuser von Besensandbach. Das Donautal verengt sich zusehends. Gaishofen, Irring und Schalding l.d. Donau rücken nahe ans Ufer. Hier spannt sich die Autobahnbrücke der A3 auf einer Länge von gut einem Kilometer über die Donau. Am Maierhof wechselt der Radweg die Uferseite. Über die Schleusen am Kraftwerk Kachlet radelt man über die Donau. Dann geht es entlang der B8 dem Ziel entgegen, der Altstadt der **Dreiflüssestadt Passau** 52 und letztendlich zum **Dreiflüsseeck** 52 mit Blick nach Österreich. Oberhalb der Ilz erhebt sich die **Veste Oberhaus** 53 . Wo es ein Oberhaus gibt, muss es auch ein Niederhaus geben. Veste Niederhaus liegt unten an der Mündung der Ilz. Auf der anderen Seite der Altstadt kommt dann der Inn nach Passau.

Zwischen beiden Flüssen, auf dem höchsten Punkt der Stadt, steht der prunkvolle **Dom St. Stephan** 54 . Nach dem verheerenden Stadtbrand im Jahre 1662 fand der Dom in dem berühmten italienischen Baumeister Carlo Lurago seine Wiederauferstehung. Die üppige Innenausstattung mit schwerem Barockstuck schuf Giovanni Battista Carlone. Die **Passauer Domorgel** 54 wurde 1928 mit 208 Registern als damals größte Orgel der Welt erbaut. Seitdem ist dieses Instrument weltweit bekannt und magischer Anziehungspunkt.

51 Das Schwarzafrika-Museum

in der Abtei Schweiklberg

In der Benediktinerabtei oberhalb der Vils erhält der Besucher Einblick in das geheimnisvolle alte afrikanische Stammesleben.
Viele der Exponate sind Mitbringsel von heimkehrenden Missionaren aus Ost- und Südafrika. Ausgestellt werden Ebenholzschnitzereien, Tierpräparate und Waffen, Schilder, repräsentative Würdezeichen und Häuptlingsinsignien.
In den letzten Jahren wurde die Sammlung durch Geschenke von Gönnern und Erwerbungen aus Privatsammlungen derart erweitert, dass das Schwarzafrikamuseum heute als größtes Museum für afrikanische Kunst und Völkerkunde im süddeutschen Raum gelten kann.
Das Museum ist täglich von 13.30 – 17 Uhr.

51 Vilshofen

Politik und Pils

Man kannte es eigentlich nur aus den Medien, anlässlich des politischen Aschermittwochs. Aber es hat noch mehr zu bieten. Ganz oben auf der Liste der Sehenswürdigkeiten steht der Stadtturm aus dem Jahre 1319. Er war einst das Obere Tor, das den historischen Stadtplatz gegen Westen abschirmte. Wie es einst aussah ist der Zeichnung des Stadtschreibers Wolfgang Klopfinger von 1543 zu entnehmen. Tor und Turm waren nach 100 Jahren so baufällig, dass 1647 ein neuer Turm errichtet wurde. Seit 2001 befindet sich in den exklusiv renovierten Räumen des Stadtturms die Stadtturmgalerie.
Als 1842 das erste Fass aufgemacht wurde, staunten die Bürger der tschechi-

schen Stadt Pilsen: Das Bier war nicht mehr trüb und dunkel, sondern gelbgolden mit weißer Schaumkrone. In Pilsen ist man darauf heute noch stolz. Dass es aber ein Braumeister aus Vilshofen, der Joseph Groll war der den Sud braute, ist weitgehend unbekannt. Daran erinnert nun die BierUnterwelt in dem ehemaligen Gär- und Lagerkeller der Brauerei Wieninger.

700 Jahre Brauereigeschichte sind hier dokumentiert.

Der Gewölbekeller ist eine beeindruckende Kulisse zur Wirtshauskultur. Alles rund ums Bier, von den Rohstoffen bis zur Vermarktung und natürlich über den Pils-Erfinder Joseph Groll, wird dort erzählt.

Öffnungszeiten: Jeden Samstag von 14 Uhr bis 17 Uhr.

Der Passauer Dom

Dommusik vom Feinsten

Der Dom St. Stephan ist ein wahres „Schmuckkästchen“. Darin findet man so Schönes wie den Bischofsthron, den spätgotischen Kruzifixus, die Madonna mit der Kirsche, der Altar der Bistumspatrone, die Kanzel und den Stephanusaltar. Die Bischofskirche ist seit 739 Kathedrale der Diözese Passau.

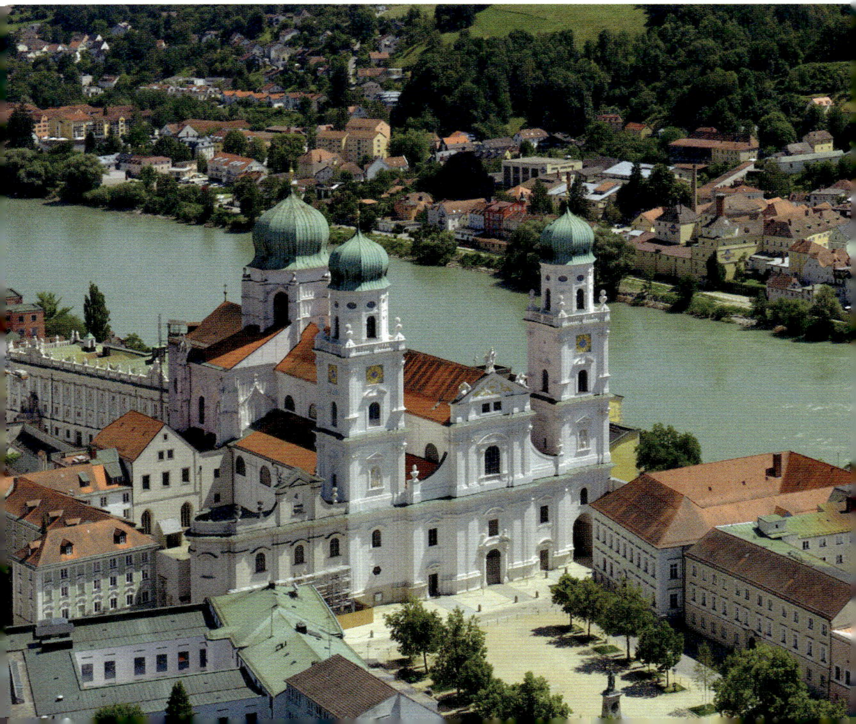

Kein Gottesdienst, kein Kirchenfest, keine kirchliche Veranstaltung im Dom geht ohne die Domglocken. Acht Glocken gibt es im Turm. Die zweitgrößte Glocke ist die Misericordia, gefolgt von der Stürmerin bis hin zur „kleinen“ Chorglocke. Und hält der Bischof einen Gottesdienst, dann läutet die Pummerin, die größte unter den Glocken. Eine ganz andere Art Musik erklingt, wenn Musiker an der weltberühmten Domorgel, im Orchester oder als Solisten die Akustik und Atmosphäre des größten Barockbaus nördlich der Alpen mit Leben erfüllen. Eine Kostprobe? Von Mai bis Oktober erklingen 17.974 Orgelpfeifen zu den Mittagskonzerten um 12 Uhr an Sonn- und Feiertagen. Der Domchor, das Domorchester, das Vokalensemble „Capella Cathedralis“ gestalten die Gottesdienste. Natürlich hat der Dom auch ein Museum, das Museum am Dom. Meisterwerke romanischen bis barocken Kunstschaffens sind im Museum ausgestellt. Kostbare liturgische Gewänder, Monstranzen und Tafelbilder, insgesamt über 100 Exponate werden im großen Hofsaal präsentiert. Dazu gibt es Informationen zum Bistum und seiner Geschichte. Ein Stockwerk tiefer fasziniert die einstige fürstbischöfliche Bibliothek. Die historische Ausstattung des Raumes wetteifert mit dem edlen barocken Buchbestand.

Öffnungszeiten: 2. Mai bis 31. Oktober, werktags von 10 Uhr bis 16 Uhr.

53 Veste Oberhaus

und das Oberhausmuseum

Kaiser Friedrich II. erhob die Bischöfe von Passau in den Rang von Reichsfürsten. Damit waren sie nicht nur die geistlichen, sondern auch die weltlichen Herrscher über ein Herrschaftszentrum mit prachtvollem Residenz–, Verwaltungs- und Wirtschaftsmittelpunkt: Passau. Dieser machtvollen Stellung sollte eine Burg, „castrum in monte sancti Georii Patavie“, Ausdruck verleihen. Also ließ Fürstbischof Ulrich II. 1219 den Grundstein für die Veste Oberhaus auf dem Georgsberg legen. Die weit sichtbare Inschrift 1499 auf der Fassade zeigt nur eines der Baujahre der bis 1800 immer wieder erweiterten Burg.
Heute begeistert das Oberhausmuseum in der Veste mit zahlreichen Dauerausstellungen zu den Themen Faszination Mittelalter – Irdisches Leben und Himmlisches Streben, Passau-Mythos und Geschichte, Zunft und Handwerk, Passauer Porzellan und vieles mehr.

Öffnungszeiten: 15. März – 23. Dezember, Montag bis Freitag von 9 – 17 Uhr. Samstag, Sonn– und Feiertage, 10 – 18 Uhr.

52 Das Dreiflüsseeck

Drei Flüsse aus drei Himmelsrichtungen

Aus dem Westen die Donau, dem Süden der Inn und aus dem Norden die Ilz. Das Dreiflüsseeck ist weltweit die einzige Stelle, wo drei Flüsse aus drei Himmelsrichtungen kommend sich vereinen und gemeinsam in die

vierte, nach Osten weiterfließen. Das Wasser des aus den Alpen kommenden Inns ist grün, die Donau, durch Sedimente aus Äckern und Feldern, erscheint braun und die Ilz, die in einem Moorgebiet des Bayerischen Waldes entspringt, kommt schwarz daher. Von hier aus fließt die Donau in ihrem engen Tal weiter und verabschiedet sich ins nahe Österreich.

56 Glasmuseum Passau – ausgezeichnet mit dem „100 Heimatschätze-Preis"

Hier im Herzen Mitteleuropas lagen im 19. Jahrhundert die großen Glaszentren Europas. Das Glasmuseum Passau besitzt die weltweit größte Sammlung zum europäischen Glas aus vier Jahrhunderten: Glas aus Bayern, Böhmen, Österreich und Schlesien von 1620 – 1950.
Der Eindruck von der Vielfalt der Glasherstellung aus den Epochen des Barock und Empire, Biedermeier, Historismus, Jugendstil, ArtDeco und Moderne ist überwältigend. Das Museum befindet sich im historischen Haus „Wilder Mann" im Herzen der Altstadt von Passau direkt am Rathausplatz.
Öffnungszeiten täglich von 09 – 17 Uhr.

55 Die WallFahrtskirche Mariahilf und Lucas Cranach d. Älteren

Hoch über der Altstadt, am gegenüberliegenden Ufer des Inns, führt eine überdachte Gebetsstiege mit 321 Stufen direkt zum Kloster, von wo aus man den schönsten Blick auf die so genannte „italienische“ Seite von Passau hat. Dort erhebt sich die Wallfahrtskirche Mariahilf. Sie hat dem Bild der Gottesmutter mit dem sie zärtlich umarmenden Kind von Lucas Cranach d. Ä. ihre Erbauung zu verdanken. Domdekan Marquard Freiherr von Schwendi ließ sich von dem Bild zwei Kopien fertigen und hängte eine davon in einer Holzkapelle in seinem Garten am Fuße des heutigen Mariahilfberges auf. Er hatte zahlreiche Marienerscheinungen, beschloss 1622 eine Kapelle zu errichten und sie für alle Gläubigen zu öffnen. Viele Wallfahrer pilgerten zur Kapelle. Bereits 1627 wurde eine Kirche an gleicher Stelle geweiht. „Mariahilf“ wurde ein bedeutender Ort der in der Barockzeit besonders blühenden Verehrung der Gottesmutter. Hunderte von Tochterwallfahrten entstanden, vor allem in Amberg/Oberpfalz und Innsbruck, wo das Originalgemälde des Lucas Cranach hängt.

Politische Dimension erhielt die Anrufung „Maria hilf!“ durch die geglückte Befreiung Wiens von den Türken 1683.

Essen, Trinken & Durchatmen

Ein kulinarischer Abzweig

Wirtshaus zur Wurz'n
Küche: bayerische Schmankerl
Spezialität: ***Sonntagsbraten***
Preis: ***mittel***
Übernachtungsmöglichkeit: ***nein***

Wirtshaus zur Wurz'n
Schmalhof 6
94474 Vilshofen
Tel. +49 8541 2851
www.wurzn.de

Gasthof Pension zur Triftsperre
Küche: ***bayerisch-traditionell***
Spezialität: Ochsenbackerl
Preis: ***mittel***
Übernachtungsmöglichkeit: ***ja***

Gasthof Pension Zur Triftsperre
Triftsperrstraße 15
94034 Passau
Tel. +49 851 51162
https://zur-triftsperre.de

Der Donauradweg

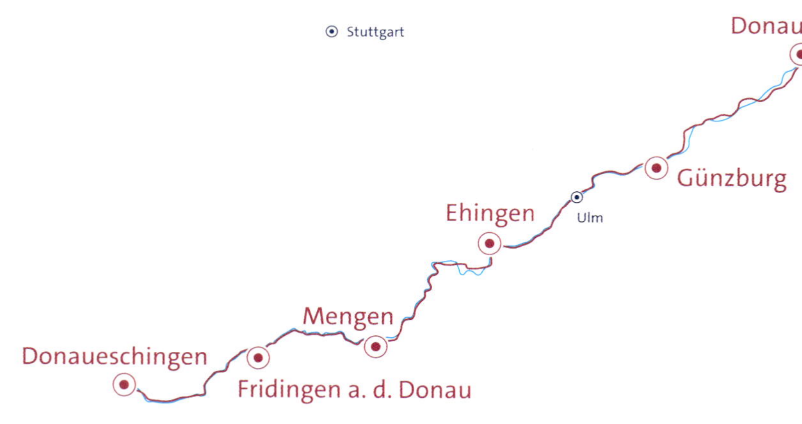

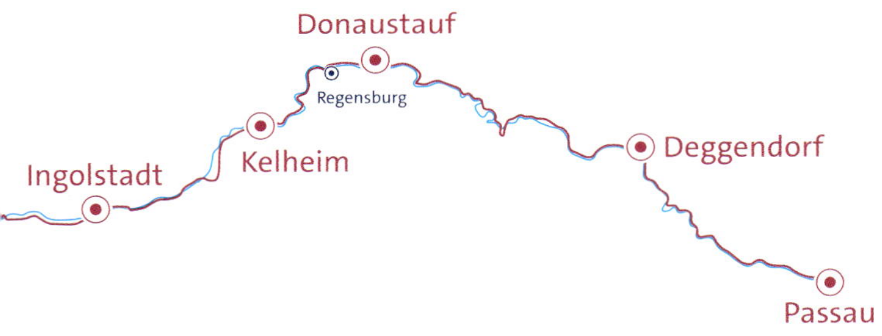

Teil 2
Roadbook

START
DONAU-
ESCHINGEN
HÜFINGEN
PFOHREN
NEUDINGEN
ALLMENDS-
HOFEN
SUMPFOHREN
Fürstl.
Fürstenbergische
Sammlungen
Kinder- &
Jugendmus.
Mus. Bieder-
mann
Donauquelle
Schlosspark
Belvedere
Grüner Baum
Latten
Am Riedsee
Riedseen
Wuhrholz
Burg Entenburg
Schul-
mus.
Frank
Kofenweiher
Römerbadm.
Stadtmuseum
Aquari-
Familienfreizeitbad
Grieß
Grüne Straße
Rohren
Hexe
Raine
Gibeln
Zwirn
Stille Musel
Donau
Keutsch
Bulzen
Ried
Riedgraben
Wacht
Linsberg
NSG
Mittelmeß
Bondembrunnen
Österwiesen
Unterhölzer
Jägerhaus
Unterhölzer
Torhäusle
Unter-
hölzer
N S G
Birken
Schafhaus
Talgraben
Unterhölzer
Weiher
Auf Teil
Weihergraben
Esel
Brühl
Stonzfeld
Ried
Strangen
Alten
Donau
Schwarzwaldbahn
Sonne Isele
Ottengraben
Deponie
Riedwiesen
Sichengraben
Nupen
Berchen-
wald
Lehrhof
Grasweiher
Eichhöfe
Mönchs-
728
677
674
702
704
680
678
684
691
731
700
31
33
27

Start

❶ Start am Bahnhof in Donaueschingen → rechts zum Kreisverkehr →

1 Alternativroute zur Donauquelle (siehe Stadtplan Kapitel 1). Am Kreisverkehr geradeaus → links auf Weg in den Schlosspark → Weg über Brigachbrücke zum Schloss und Quelle folgen → zurück zum Donauradweg bis Prinz-Fritzi-Allee

2 → links auf Hauptroute.

❷ links Josefstraße über Brücke mit Brigach → auf An der Stadtpfarrkirche zur Fürstenbergstraße → rechts und hinter Stadtpfarrkirche rechts zur Donauquelle → daneben Schloss Donaueschingen → zurück über Brigachbrücke bis Prinz-Fritzi-Allee → links durch Schlosspark und Sportanlagen auf Prinz-Fritzi-Allee zum Brigachweg →

❸ (geradeaus zum Donauzusammenfluss von Breg und Brigach und Denkmal → zurück an die Brücke) →

❹ über die Brücke geradeaus → Straßenbrücke unterfahren → Kläranlage rechts Haberfeld folgen → rechts über Brücke → dem Fahrweg folgen nach Pfohren an Hüfinger Straße →

❺ Hüfinger Straße links über Donau bis Wiesenstraße → rechts bis Friedhof → geradeaus in Birchring → hinter dem letzten Haus rechts über die Wiesen zur zum Donauufer → Straßenbrücke unterfahren → parallel der B33 fahren → dem Abzweig rechts folgen zur Donau → links halten zur Donaubrücke vor Neudingen → davor links → zwischen den Gebäuden links halten → dem Hauptweg über die Felder folgen bis an B31/B33 → rechts parallel der Straße → am Durchlass mit B 31/33 geradeaus bis zum nächsten Durchlass → links Brücke unterfahren → rechts entlang der B31/33

❻ rechts Hauptstraße folgen auf Radstreifen an Fahrbahn → am Kreisverkehr geradeaus → am nächsten Kreisverkehr rechts → über Bahnübergang und gleich links → auf Riedweg der Bahn folgen → nach Bahnterfahrung rechts über Donau zur K5922 → gegenüber den Radweg links benutzen nach Hintschingen → an Bushaltestelle auf Ortsstraße rechts →

❼ auf Ortsstraße durch Ort → an Rechtskurve links abbiegen → geradeaus zur Donau → links Holzbrücke überfahren → rechts halten entlang der Bahnlinie nach Immendingen → bei Im Gewerbegebiet auf Brücke die Bahnhofsanlage überqueren →

❽ Bahnhofsstraße rechts gleich rechts in Blumenstraße → folgen und links halten zur Donaustraße → an der Feurwehr rechts → wieder rechts über den Bahnübergang → geradeaus über die Donau → auf Unterer Ösch die Straßenbrücke unterfahren zur Kläranlage → am Parkplatz Radlerzeltplatz links über die Donau → rechts halten → der Bahn folgen →

❾ Abzweig zur Donauversickerung → geradeaus nach Möhringen → Straßenbrücke unterfahren → Im Anger entlang der Tennisplätze → links über Bahnübergang → rechts in Hermann-Leiber-Straße → an Marktgasse rechts → ihr folgen bis Am Schafmarkt → links zur Bischofszeller Straße → geradeaus bis Anton-Braun-Straße → rechts zur Bleichestraße → links über Klingenbergstraße bis Am Mühlberg → rechts Möhringen verlasssen →

TUTTLINGEN
MÖHRINGEN
Immendingen
662
Osterberg
Schweizertal
Bachzimmern
Kälbertal
Gasthaus Zur Flamme
Fußballgolfanlage
ehem. Stollen
Amtenhauser Berg
883
Amtenhauser Bach
Amtenhausen
(ehemaliges Kloster)
Wocherhütte
Weißenbach
Säge
Röm. Niederlassung
Schützenhaus
Heimatmuseum
Landgasthaus Kreuz
Kolbenhalde
Hornenberg
Zimmern
NSG
Langensteig-
hütte
904
Saufang
Schelhammer
Hütte
Deponie
Geisingen
38
Autohof
KIRCHEN-
HAUSEN
809
Gauert
Schönental
Hintschingen
Historische
Holzbrücke
Donau
Donauversinkung
Josefskapelle
Nina's ess-Art
Radlerzeltplatz
Donau-
versinkung
Donauversickerung
311
Bumbishütte
Leitzenfeld
Gäubahn
Trakenloch
Gefallenes Loch
Jugendzeltplatz
Landgasthof
Hauser
Hattingen
Bahnstation
Gundelhof-
Höwenegg
Hardt
Römerstr.
Neckar-
Alb-Aare
Daimler Prüf- u.
Technologiezentrum
Ruine Höwenegg
Michelsloch
Schanze

TUTTLINGEN
Leutenberg
FRIDINGEN
an der Donau
626
MÜHLHEIM
an der Donau
667
STETTEN
NENDINGEN
Donau
Ostertal
Tiefental
Rottweiler T
Haselrain
Ettenberg
Bräunisberg
Stettener Tal
Oberes Donautal
NSG Buchhalde-Oberes Donautal
NSG
Kolbinger Höhle
Mühlheimer Höhle
Eckersteig
801 Gelber Fels
Lochfelsen
Galluskirche
Altstadt
Wulfbach
Heiligenbrunnen
Hennenbühl
Ruine Altfridingen
791
Scheibenbühl
Franz Kreuz
Welschenberg
817
Rissefels
Ruine Mariahilf
Wachtfels
Kapf
793
Riedbrunnen
Gästehaus Theresia
Gasthof zum Lamm
Pizzeria Da Giovanni
Sonne
Mus. Ob. Donautal
Wert
Stadtmühle
Fridingen a.d.Donau
Hammerschmiede
Obere Mühle
Mittlere Mühle
Kitzenbühl
Allmend
Hangen
Dürrs Täle
Meisentäle
Brunnentäle
Kesselbach
Schalkenberg
805
ehem. Bräunisburg
ehem. Wallenburg
Winterhalde
Altenburg
Bleiche
Rose
Bauernmuseum
746
Eichen
Ziegelhütte
Sengenbühl
Ruine Wasserburg
Ludwigstal
Hebsack
781
Stephanshalde
802
Wirtenbühl
818
Brennten
842
Braunsloch
Gargental
Buttental
Hornhau
Dechental
Landhaus Donautal
Heilandkapelle
Bergsteig
Donauversinkung
Vesperstube Ziegelhütte
Ziegelhütte
Grimmental
Hoheneck 785
Burgsteig
Laibfelsen

10 auf unbefestigten Weg der Donau folgen zur Siedlung Tuttlingen-Koppen land → in Oberer Bann dann Im Koppenland Radstreifen nutzen→ geradeaus zum Freibad Tuttlingen →

11 hinter Freibad über Bachbrücke → rechts Bahnbrücke und Straßenbrücke unterfahren → unterhalb Donaupark der Donau folgen → am Rathaussteg auf Weg parallel der L277 fahren → rechts halten und Straßenbrücke unterfahren → auf Dammstraße zur Wöhrdenbrücke → geradeaus → auf Radweg neben Nendinger Allee geradeaus → am Kreisverkahr die L277 unterfahren → gleich hinter Bahnübergang

12 rechts und wieder rechts →

12 entlang der Bahn nach Nendingen → vor Siedlung rechts über Bahnübergang → an Industriestraße rechts zur Sattlerstraße → links folgen bis Bräunisbergstraße → gegenüber in Austraße geradeaus an Donau → Weg nach Stetten a.d. Donau folgen →
13 auf Bachstraße in den Ort →

3 Variante zur Oberstadt Mühlheim a.d.Donau. An Josef-Lang-Straße rechts zur Donaustraße → rechts über Donaubrücke → geradeaus und Straßenbrücke unterfahren → auf Weg einbiegen und geradeaus zu Am Nussbühl → rechts in Grabenstraße bis Hauptstraße → links duch Stadttor → Hauptstraße durch Oberstadt von Mühlheim folgen → am Straßenende rechts auf An der Steig → über Donaubrücke dann links zum Kreisverkehr → rechts auf Bahnhofstraße zum
4 Bahnübergang → Kolbinger Straße folgen →

über Bahnbrücke → gleich rechts in Eisenbahnstraße und Radweg benutzen → am Abzweig Aussiedlerhof Eisenbahnstraße halbrechts zum Griesweg verlassen → in Mühlheim a.d.Donau geradeaus zur Kirche an Kolbinger Straße →
14 gegenüber auf Radstreifen der Kolbinger Straße links folgen → am Parkplatz Supermarkt gegenüber Straße Altstadt folgen → am Ende des Friedhofs rechts → entlang der Wulfbachauen → vor dem Bahnübergang links halten → im Talboden zum Donauufer → der Donau entlang Richtung Fridingen →

15 Bahnbrücke unterfahren und geradeaus nach Fridingen a.d.Donau → an Einmündung rechts über Bära-Brücke → an der Einmündung mit L440 rechts → auf Fahrradstreifen entlang Bahnhofstraße bis Oberer Damm → rechts zum Donauufer bis zur Donaubrücke an der Donaustraße

16 → Ziel.

Oberes Donautal
Finstertal
Heidenschlössle
Mühlefels
Wasserwerk
Im Fall
Neidingen
Ochsenberg
762
Tiergarten
Jörgenbrunnen
752
Stauden-bühl
857
Ziegel-holz
Birkenwäldle
Eschle
Lindensteig
Schloss Hausen
Korneliusfels
Klarahöhle
Hohler Felsen
653
772
Schaufelsen
Schauenburg
Thiergarten
Mittelberg
752
Kappelesch
Glasträgerfels
Hausen im Tal
Auchtbühl
Lenzenfelsen
Falkensteinhöhle
Ruine Falkenstein
747
Naturpark Express
Donau
Ruine Wagenburg
801
Langenfels
Lenzenplatz
Neumühle
Lohe
696
Tiergarten
Wachtbühl
814
816
Werenwag
Korbfelsen
Donaubahn
Kohlwald
Raintal
Bettelküche
763
801
St Anna
813
Barlendorfer Bühl
Dickberg
810
794
Hölle
Tal-hof
Langenbrunn
Bischofs-felsen
834
Hauser Holz
Ruine Lengenfeld
Fach-felsen
Hohler Felsen
Band
Steintor
828
Untereschle
Pfaffensteig
773
Hoherget
Rübental
Brändle
769
Bandfelsen
Kreenheinstetten
Stockerhart
Lengenfeld
ehem. Reinstetten
Burg Wildenstein
Burg-schenke
849
St. Maurus
Maurushöhle
Hohenzollernstraße
Beim Bäumle
St. Johannsbühl
Eichert
Römerstraße
Steinberg
746
LANGENHART
65
70
75

Start

❶ Start an der Donaubrücke in Fridingen a.d. Donau → der Donau entlang auf Unterer Damm → vor Kläranlage links halten → über den Talboden zur Donauversickerung → geradeaus zur Einmündung → rechts über Donau zur Vesperstube Ziegelhütte →

❷ geradeaus zur Donau → geradeaus den Scheuerlehof umfahren → dem unbefestigten Weg entlang der Donau zum Jägerhaus folgen (zwei Zeltplätze) → geradeaus dem Donaubogen folgen → vor der Bahnbrücke rechts gleich links nach Beuron →

❸ an Buchheimer Straße links und vor Bahn gleich rechts → Hubertusweg entlang der Bahn folgen → dem Weg links zur Bahnbrücke folgen die Donau überqueren → gleich rechts über das Tunnelportal zur Maurusstraße → rechts zur Kapelle St. Maurus in St. Maurus im Feld →

❹ geradeaus bis Radbrücke über die Donau → Uferseite wechseln und links zum Donauhaus →

❶ rechts 6 Kilometer steil bergauf zur Burg Wildenstein. Rückweg wie Hinweg.

dem Donauradweg folgen → am Waldrand links halten → vor der Donaubrücke rechts wieder zum Donauufer → bis Parkplatz beim Minigolf in Hausen im Tal → links über Parkplatz →

❺ rechts über die L196 auf den Weg vor der Donau →

5 rechts über die L196 in den Weg vor der Donau → zum Waldrand dann links entlang der Donau → am Abzweig nach Neidingen geradeaus → unterhalb der Lenzenfelsen zur Neumühle (Restaurant und Hotel) → geradeaus auf dem unbefestigten Weg → am Abzweig links → Bahnübergang → bis Brücke bei Thiergarten →

6 die Straße links zum Gutshof Käppeler (Gasthof) → geradeaus dann links über die Donaubrücke → rechts auf Weg parallel zur L277 → Bahnbrücke unterfahren nach Gutenstein → auf Straße Furtäcker geradeaus bis Straßenende → Weg rechts hinauf zur Brücke → auf Burgfeldenstraßen zur Kirche → links in Hohenbergstraße → links über die Bahn →

7 am Parplatz rechts entlang der Bahnlinie → Jugendzeltplatz → links über die Donau → am Ufer entlang die Bahnbrücke unterfahren → dem Weg nach Dietfurt folgen → Straße an der Brücke queren → halb links zur Bahnlinie → am Schmeieviadukt Brücke unterfahren → rechts zur Brücke über die Schmeie → rechts Schmeieviadukt unterfahren → auf unbefestigtem Weg zur Brücke am Nickhof →

Oberes Donautal
Hausen im Tal
Thiergarten
Neidingen
Kreenheinstetten
LANGENHART
Donau
Donaubahn
Naturpark Express
Schloss Hausen
Korneliusfels
Glasträgerfels
Wachtbühl
814
Werenwag
Korbfelsen
Finstertal
Kappelesch
Tiergarten
816
801
794
Hölle
Tal-hof
Stauden-bühl
857
Ziegel-holz
Birkenwäldle
Eschle
Lindensteig
Im Fall
Mühlefels
Wasserwerk
Klarahöhle
653
Hohler Felsen
772
Schaufelsen
Schauenburg
Mittelberg
752
Tiergarten
752
762
Jörgenbrunnen
Falkensteinhöhle
Ruine Falkenstein
747
Auchtbühl
Lenzenfelsen
801
Langenfels
Lenzenplatz
Neumühle
Lohe
696
Raintal
Kohlwald
Ruine Wagenburg
St Anna
813
Barlendorfer Bühl
Dickberg
810
Bettelküche
763
Pfaffensteig
773
Hoherget
Rübental
Stockerhart
Langenbrunn
Bischofs-felsen
834
Hauser Holz
828
Steintor
Ruine Lengenfeld
Hohler Felsen
Fach-felsen
Band
Brändle
Untereschle
769
Bandfelsen
Lengenfeld
849
Burg Wildenstein
Burg-schenke
Maurushöhle
Hohenzollernstraße
Beim Bäumle
Pfaffenbühl
St. Johannsbühl
ehem. Reinstetten
Eichert
Römerstraße
Steinberg
746
65
70
75
5
6
4
8
860
820
800
720
740
780

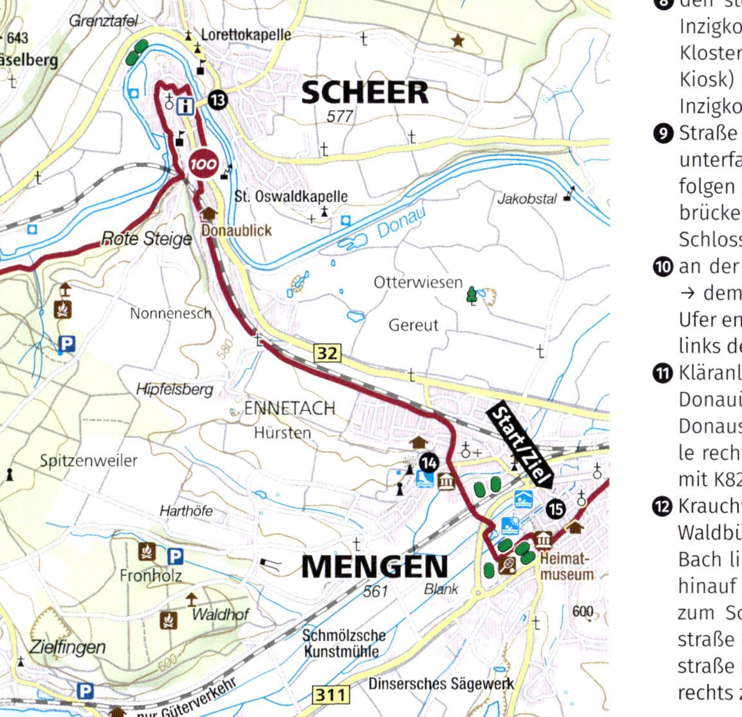

8 den steilen Anstieg zum Nickhof hinauf → der Straße nach Inzigkofen folgen → am Parkplatz geradeaus auf Radweg zum Kloster Inzigkofen → an Kirche St.Johannes links (Parkstüble Kiosk) → auf Schlossbühlweg zum Sportplatz → geradeaus in Inzigkofer Straße zur Donaubrücke von Sigmaringen-Laiz →

9 Straße queren und dem Uferweg folgen → Straßenbrücke unterfahren zum Freibad Sigmaringen → dem Weg an Donau folgen zur Hängebrücke an der Donau → danach die Straßenbrücke unterfahren → Donau folgen bis Brücke unterhalb von Schloss Sigmaringen →

10 an der Brücke rechts zur Mühlstraße → links über die Gleise → dem Weg folgen → Straßenbrücke unterfahren → weiter am Ufer entlang → zwei Bahnbrücken unterfahren zur Allee → nach links der Allee folgen → wird ab der Kirche zur Badstraße →

11 Kläranlage rechts umfahren → Badstraße wird am ehemaligen Donauüberweg zu Hohe Waghalde → in Sigmaringendorf auf Donaustraße an die Straßenbrücke mit Donau → an der Kapelle rechts → entlang der Krauchwieser Straße zur Einmündung mit K8240 →

12 Krauchwieser Straße queren zur Rulfinger Straße (Naturtheater, Waldbühne) → links auf den Weg einbiegen → in der Kurve am Bach links abzweigen → weiter nach Scheer → rechts haltend hinauf zur Kreuzung → an der Kreuzung links durch den Wald zum Schloss Scheer (privat)→ am Mühlberg links in Fabrikstraße → ihr folgen bis Kirchberg → rechts dann links zu Hirschstraße rechts bis An der Stadtmauer → links zu Donaustraße → rechts zur Brücke → die B32 queren →

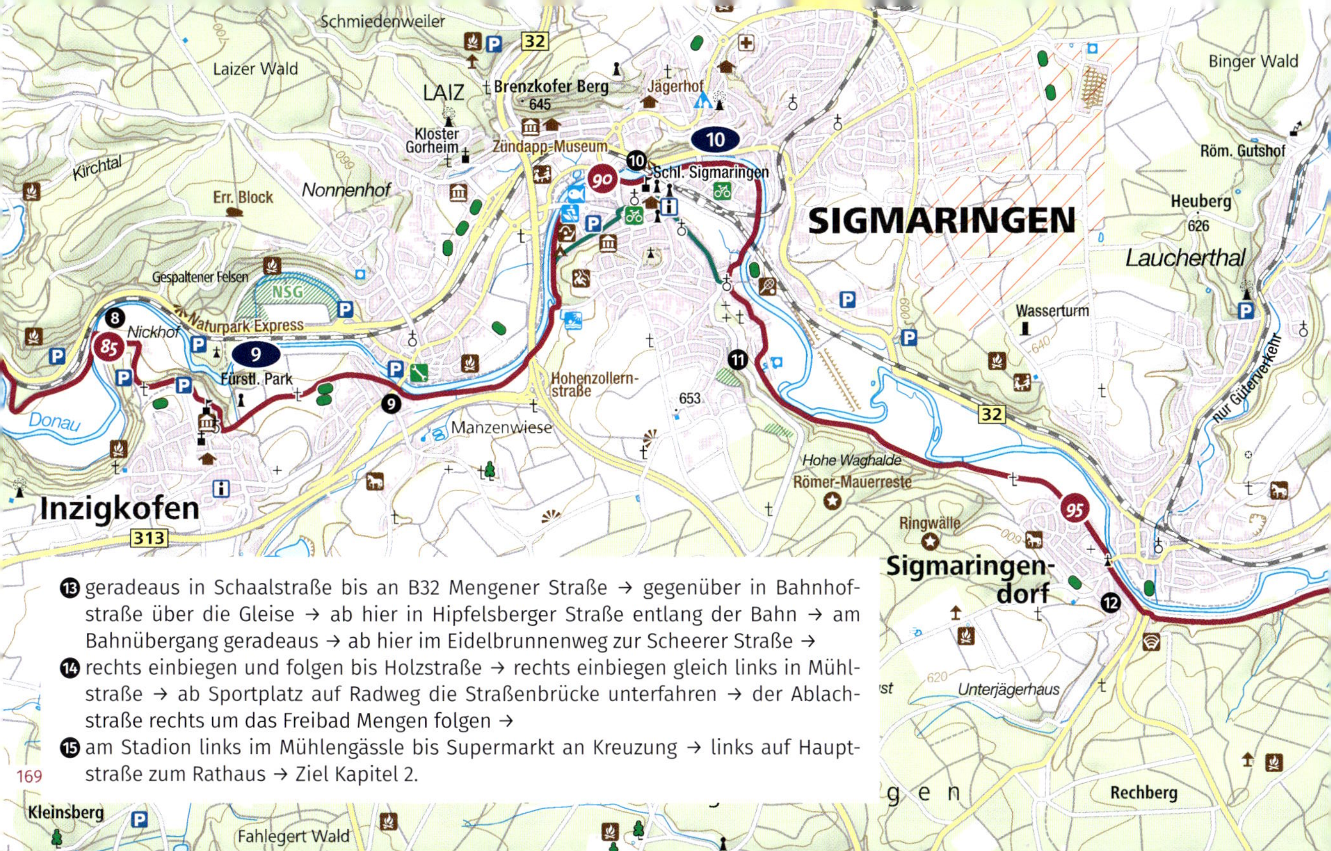

⓭ geradeaus in Schaalstraße bis an B32 Mengener Straße → gegenüber in Bahnhofstraße über die Gleise → ab hier in Hipfelsberger Straße entlang der Bahn → am Bahnübergang geradeaus → ab hier im Eidelbrunnenweg zur Scheerer Straße →

⓮ rechts einbiegen und folgen bis Holzstraße → rechts einbiegen gleich links in Mühlstraße → ab Sportplatz auf Radweg die Straßenbrücke unterfahren → der Ablachstraße rechts um das Freibad Mengen folgen →

⓯ am Stadion links im Mühlengässle bis Supermarkt an Kreuzung → links auf Hauptstraße zum Rathaus → Ziel Kapitel 2.

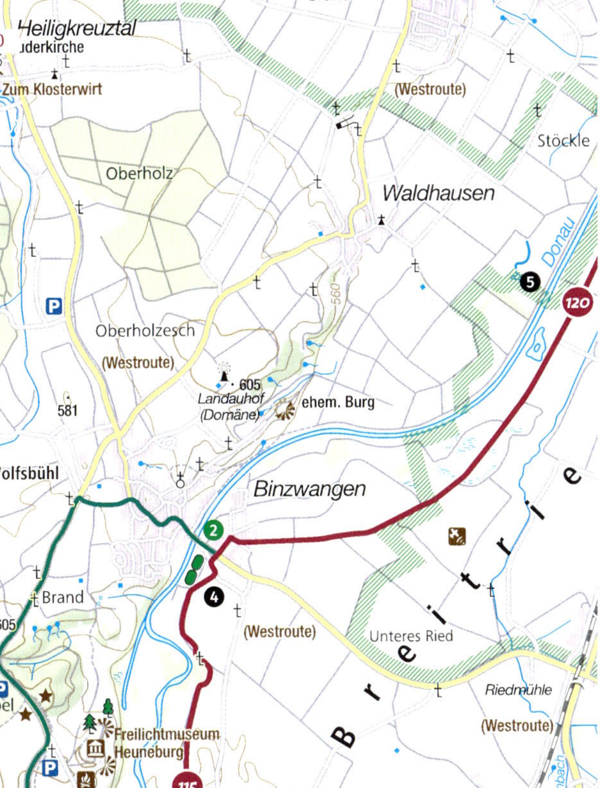

Start

❶ Start am Rathaus Mengen → Hauptstraße zum Bahnhof folgen → am Kreisverkehr rechts der B311 folgen → den Radweg gegenüber benutzen → der B311 auf dem Radweg folgen und die Bahnbrücken unterfahren → Straßenbrücke unterfahren → am Kreisverkehr vorbei bis Abzweig zur Kläranlage →

❷ nach rechts die L268 queren → dem Weg geradeaus über die Felder bis an die Donaubrücke folgen → vor Donau rechts auf unbefestigtem Weg nach Hundersingen → am Mühleweg links zur Donaubrücke →

① Variante zum Heuneburgmuseum und Freilichtmuseum Keltenstadt.
An der Donaubrücke links → auf Ortsstraße durch Hundersingen → am Rathaus rechts in Binzwanger Straße zum Heuneburgmuseum → auf K8261 zum Freilichtmuseum → rechts Parkplatz und Museum → geradeaus nach Binzwangen →

② an Hundersinger Straße rechts zur L278 → rechts durch Binzwangen über Donaubrücke zum Sportplatz.

❸ rechts auf Herbertinger Straße → nach 100 m links in Pfründnerweg → geradeaus zu einem Rastplatz → halb links halten → vor dem asphaltierten Fahrweg auf Weg bleiben → geradeaus dann rechts halten → vor Sportplatz von Binzwangen rechts dann links →

❹ bei Am Sportplatz links über die L278 → auf Riedstraße bis Im Brühl → rechts bis Neufraer Weg → links auf Neufraer Weg über die Felder → geradeaus bis Abzweig nach Neufra und Sportgelände →

❺ links abbiegen zur Donau →

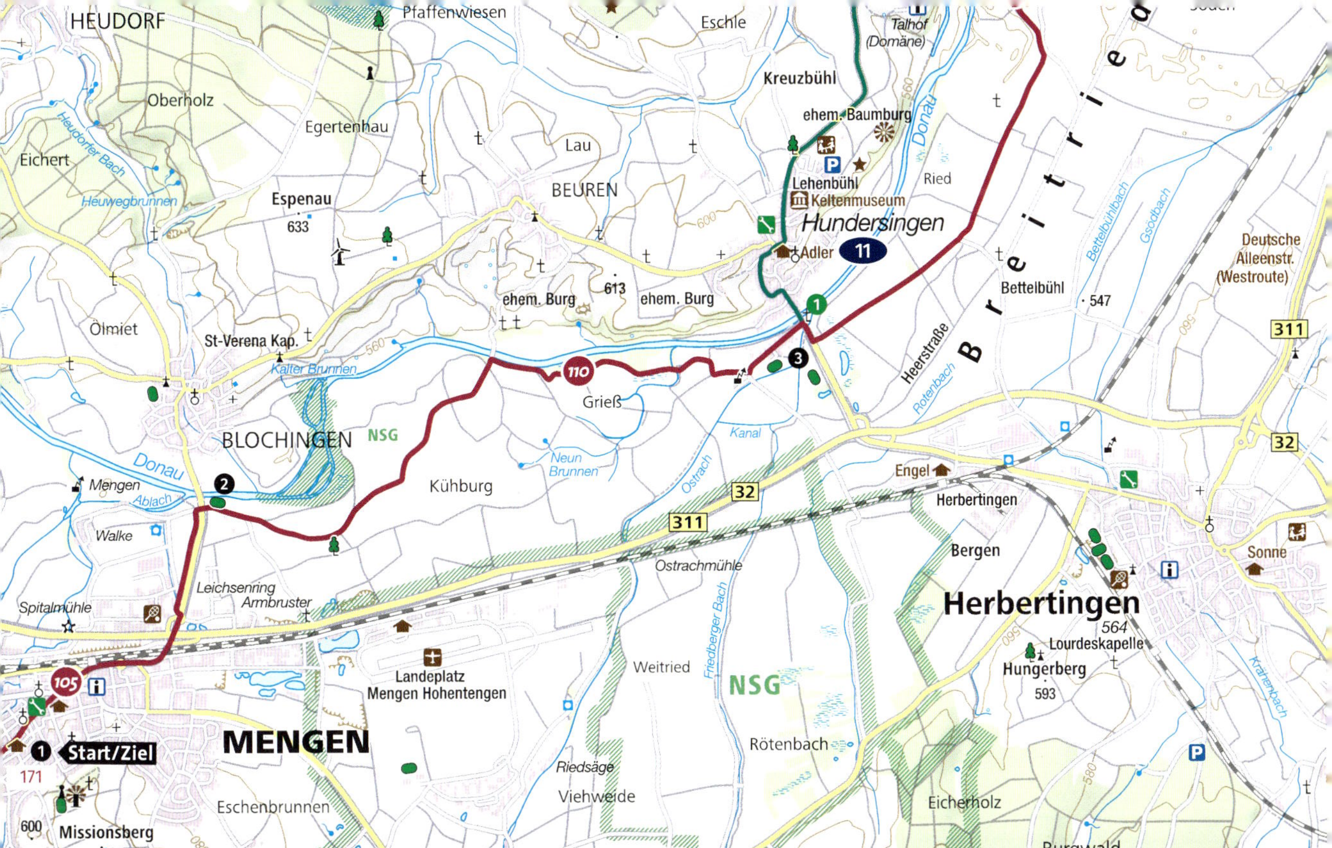
HEUDORF
Pfaffenwiesen
Eschle
Talhof
(Domäne)
Oberholz
Kreuzbühl
Egertenhau
ehem. Baumburg
Donau
Lau
Eichert
Heudorfer Bach
Heuwegbrunnen
BEUREN
Lehenbühl
Keltenmuseum
Ried
Espenau
633
Hundersingen
Adler
11
Deutsche
Alleenstr.
(Westroute)
Bettelbühlbach
Gsödbach
613
ehem. Burg
ehem. Burg
Bettelbühl
547
Breitried
Ölmiet
St-Verena Kap.
Kalter Brunnen
110
Heerstraße
Rotenbach
311
Grieß
Kanal
BLOCHINGEN
NSG
Neun
Brunnen
Donau
Mengen
Ablach
Kühburg
Ostrach
32
Engel
Herbertingen
Walke
311
Bergen
Sonne
Ostrachmühle
Leichsenring
Armbruster
Spitalmühle
Herbertingen
564
Lourdeskapelle
Friedberger Bach
Weitried
Hungerberg
593
105
Landeplatz
Mengen Hohentengen
NSG
Krähenbach
MENGEN
Start/Ziel
Rötenbach
171
Riedsäge
Viehweide
Eicherholz
600
Missionsberg
Eschenbrunnen

❺ links abbiegen zur Donau → rechts der Donau und Donaukanal folgen zur Donaubrücke in Riedlingen → Straße queren und am Donauufer entlang → Straßenbrücke unterfahren → Weg folgen bis an Straße →

❻ links zum Campingplatz Vöhringer Hof → vor Bahnübergang links und Weg zur Kläranlage folgen → an ihr vorbei an die Donau → nach dem Altwasserarm links bis Brücke Daugendorf →

❼ links über Donau gleich rechts durch die Häuser → an Wegekreuzung rechts über Donauwiesen bis Bechingen → vor Bechingen rechts → am Abzweig links zur Ehinger Straße → rechts nach Zell → Hauptstraße folgen → Bahnbrücke überfahren →

❽ gleich links an Bahn entlang → auf der Bahnbrücke die Donau queren → parallel zur Bahn bis Bahnübergang → Seite wechseln und in Zum Bahnhof zur Ortsmitte Zwiefaltendorf →

DAUGENDORF
Martinsteich
564
Hühnerbühl
312
Wolfsgrube
549
GRÜNINGEN
RIEDLINGEN
542
Fischersmühle
Donau
7
540
N S G
ehem. Dietenburg
311
Unlingen
Vöhringer Hof
6
Eichenau
Dt. Fachwerkstr.
Sämwiesen
125
Städt. Galerie
NSG
Kanal
573
574
Schlatt
5
Biber
173
Museumsgasse

11 links Munderkinger Straße folgen → nach den letzten Häusern den Radweg rechts nutzen bis zur Einmündung → rechts nach Algershofen → der Ortsdurchfahrt folgen → über die Donaubrücke bei Munderkingen → an Hausener Straße links → am Friedhof links auf Schillerstraße → am Obertorplatz links → geradeaus in Martinstraße zur Donaustraße → rechts auf Donaustraße über Donaubrücke →

12 an Bahnhofstraße rechts auf Radweg der L257 folgen →

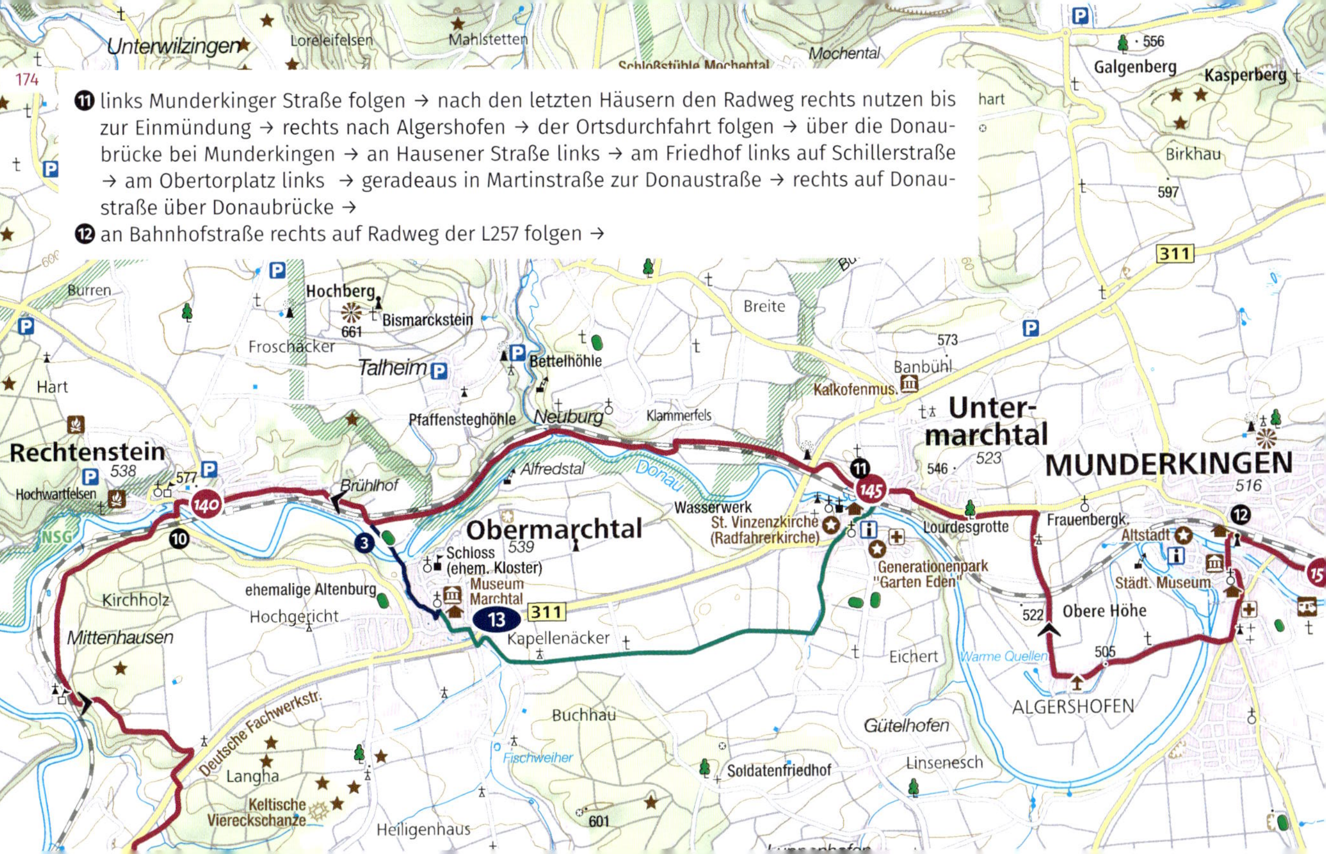

8 gleich links an Bahn entlang → auf der Bahnbrücke die Donau queren → parallel zur Bahn bis Bahnübergang → Seite wechseln und in Zum Bahnhof zur Ortsmitte Zwiefaltendorf →

1 Abstecher zum Kloster Zwiefalten. Von Straße Zum Bahnhof links in Reutestraße → rechts in Vogelsangstraße → am letzten Haus rechts auf Weg zum Wäldchen → Weg folgen bis B312 → Straße queren und rechts auf Radweg → Kläranlage umfahren bis Häuser am Talweg bei Baach → links, dann rechts auf Weg nach Zwiefalten → an Hauptstraße links zum Kloster → Rückweg wie Hinweg.

2 Von-Speth-Straße rechts am Schloss vorbei → nach Brücke links zum Parkplatz und dem Weg folgen → den Bahnübergang queren nach Datthausen →

9 an der Kapelle links zur B311 → die B311 queren dann links parallel zur B311 → B311 unterfahren dann rechts → an der Straße links nach Mittenhausen → auf der Bahnseite bleiben → weiter zur Donaubrücke bei Rechtenstein →

10 über die Donaubrücke → gleich rechts in Karl-Weiss-Straße → rechts halten in Brühlhofstraße zum Bahnübergang →

3 gredeaus zum Sportplatz und über die Donaubrücke → am Mühlweg in Obermarchtal rechts halten bis Klingenweg → links zur Hauptstraße → links zum Museum und Kloster Obermarchtal → Rückweg wie Hinweg

gleich dahinter links auf den Weg und entlang der Bahn → den Bahnübergang queren dann gleich rechts → Straßenbrücke unterfahren auf Bergstraße nach Untermarchtal → (Kloster liegt links gleich hinter der Donaubrücke) →

Sternwarte
Start/Ziel
EHINGEN
(Donau)
515
14
Heimatmus.
St.
Blasius
16
BierKulturHotel Schwanen
311
NASGENSTADT
GAMERSCHWANG
Steige
524
Öpfingen
170
Wert
R i e d
Rennweg
15
165
Berren
Ried
160
Donau
Wasserstall
490
Himmelreich
Lüßwiesen
Viehsau
Murrgasse
532
Hundsfeld
Ernsthof
Merzenkümmich
Halden
Unter-
Ehrat
Hochstetten
BERG
548
Wetterkreuz
Griesingen
506
Steglache
Ober-
Rötleh
BrauereiWirtschaft Berg
Hummelberg
Dettingen
14
Lüssen
NSG
Höllwiesen
Bibellies
520
500
465
ALTBIERLINGEN
Taxisscher
Wald
Dintenhofen
521
Kapellenberg
555
Ried-
kapelle
Hachelsgrub
Herbertshofen
Birn-
baum
Höhe
534
535
Pfarrholz
Rottenacker Ried
Silberberg
552
Kieswerk
Rottenacker
155
Tiergarten
Mühlbrunnen
SCHAIBLISHAUSEN
Lüsse
Wilder Brunnen
Schlandgraben

⓬ an Bahnhofstraße rechts auf Radweg der L257 folgen → am Supermarkt die Straßenseite wechseln → an der Straßeneinmündung wiederum die Straßenseite wechseln → weiter auf Radweg entlang L257 nach Rottenacker → der L257 bis zur Donaubrücke folgen → links in Bahnhofstraße bis zur Fußgängerbrücke → über die Donau zur Kirchbierlinger Straße →

⓭ links und ab Danziger Straße den Radweg benutzen → am Abzweig Weidach links über die Straße zur Kläranlage → gleich danach rechts → vor dem Teich links zur Donau → rechts der Donau entlang → Zufahrt Kieswerk → an Donaubrücke rechts halten → auf Asphaltweg nach Dettingen →

⓮ am Sportplatz über die Donau → über die Bahn zur Rottenacker Straße → rechts über den Bahnübergang → Straßenseite wechseln und auf Radweg zur B465 → links auf Radweg entlang B465 → Kreisverkehr umfahren weiter bis Schwarze Gasse →

⓯ Straßenseite wechseln → in Schwarze Gasse bis Einmündung → Hauptstraße links folgen dann rechts bis Lederbruckgasse → links einbiegen und rechts halten in Tuchergasse → am Am Viehmarkt rechts in Kasernengasse → rechts halten zum Kirchplatz und Kirche

⓰ St. Blasius → Ziel Kapitel 3

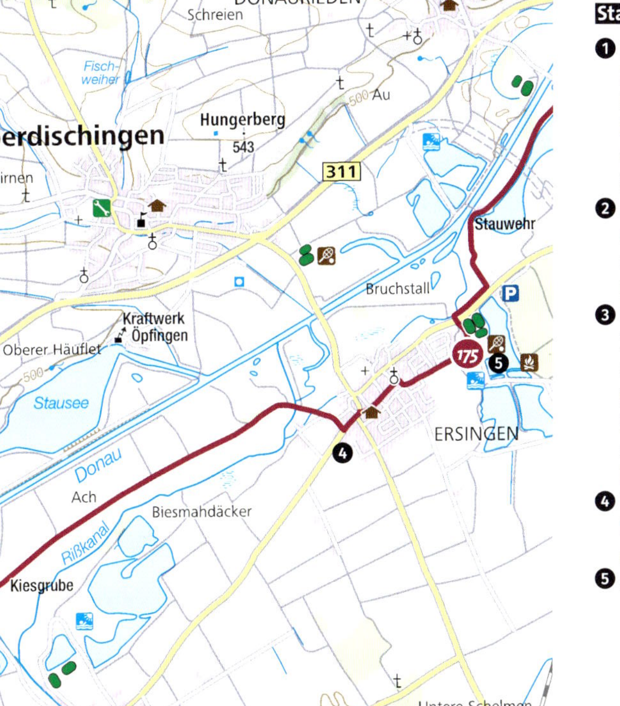

Start

1 Start am Kirchplatz in Ehingen (Donau) → Hauptstraße zum Marktplatz folgen → rechts in Marktstraße zur Lindenstraße an Lindenhalle → links bis Müllerstraße → Müllerstraße folgen zu Wolfertanlage → nach Jahnstraße links in Radweg → unterhalb des Stadions zur Kapelle → am Spielplatz zur Straße Gollen äcker →

2 rechts auf Gollenäcker bis Alte Steige in Nasgenstadt → rechts einbiegen und folgen bis Kapellenstraße → links in Kapellenstraße → an Neue Steige rechts über Donau → nach Brücke auf Radweg neben L259 nach Griesingen →

3 bei Ortseinfahrt Straßenseite wechseln und entlang L259 → Staßenseite wechseln dann rechts gleich und wieder rechts → an Straße Riedweg links → folgen bis Abzweig Radweg rechts → geradeaus zur K7359 → links auf Weg entlang der K7359 Richtung Öpfingen → am Ortsanfang die Straßenseite wechseln zum Ersinger Weg → Ersinger Weg folgen über Riß-Brücke nach Ersingen → im Mühlweg zur Rißtisser Straße →

4 links einbiegen bis riesiger Baum → rechts in Mittelstraße → folgen bis Kirche an Römerstraße → rechts und gleich links in die Seestraße → auf Radweg wechseln zu Sportanlagen →

5 an Dellmensinger Straße links zur K7373 →

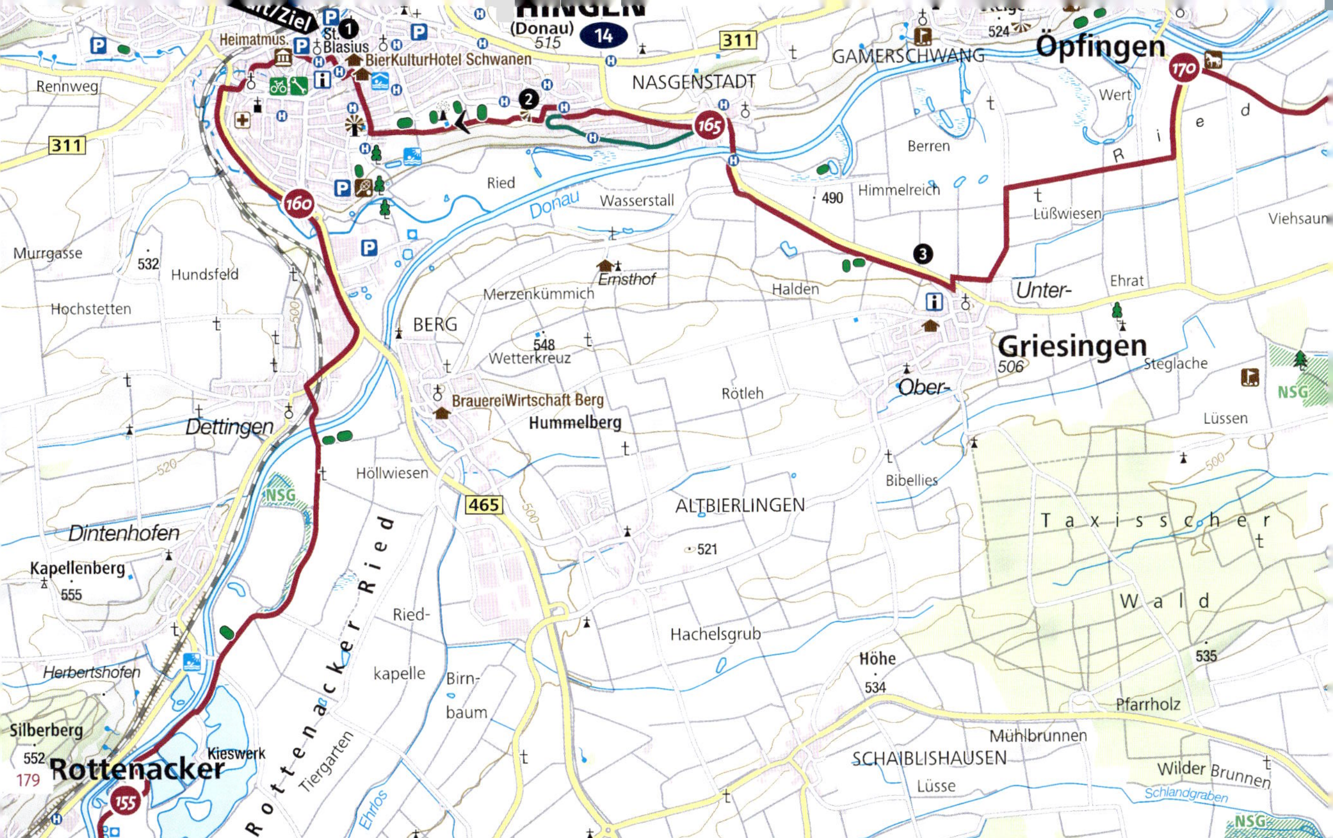
(Donau)
515
14
311
Heimatmus.
St. Blasius
BierKulturHotel Schwanen
1
2
3
Rennweg
NASGENSTADT
GAMERSCHWANG
524
Öpfingen
170
165
160
155
Wert
Ried
Berren
Himmelreich
490
Wasserstall
Donau
Lüßwiesen
Viehsaum
Murrgasse
532
Hundsfeld
Hochstetten
Ernsthof
Merzenkümmich
Halden
Unter-
Ehrat
BERG
548
Wetterkreuz
Griesingen
506
Steglache
Ober-
Rötleh
BrauereiWirtschaft Berg
Hummelberg
Dettingen
Lüssen
NSG
Höllwiesen
Bibellies
465
ALTBIERLINGEN
521
Taxisscher Wald
Dintenhofen
Kapellenberg
555
Rottenacker Ried
Ried-
kapelle
Hachelsgrub
Höhe
534
535
Herbertshofen
Birn-
baum
Pfarrholz
Silberberg
552
Kieswerk
Tiergarten
Mühlbrunnen
Rottenacker
SCHAIBLISHAUSEN
Wilder Brunnen
Lüsse
Schlandgraben
Ehrlos
500
520

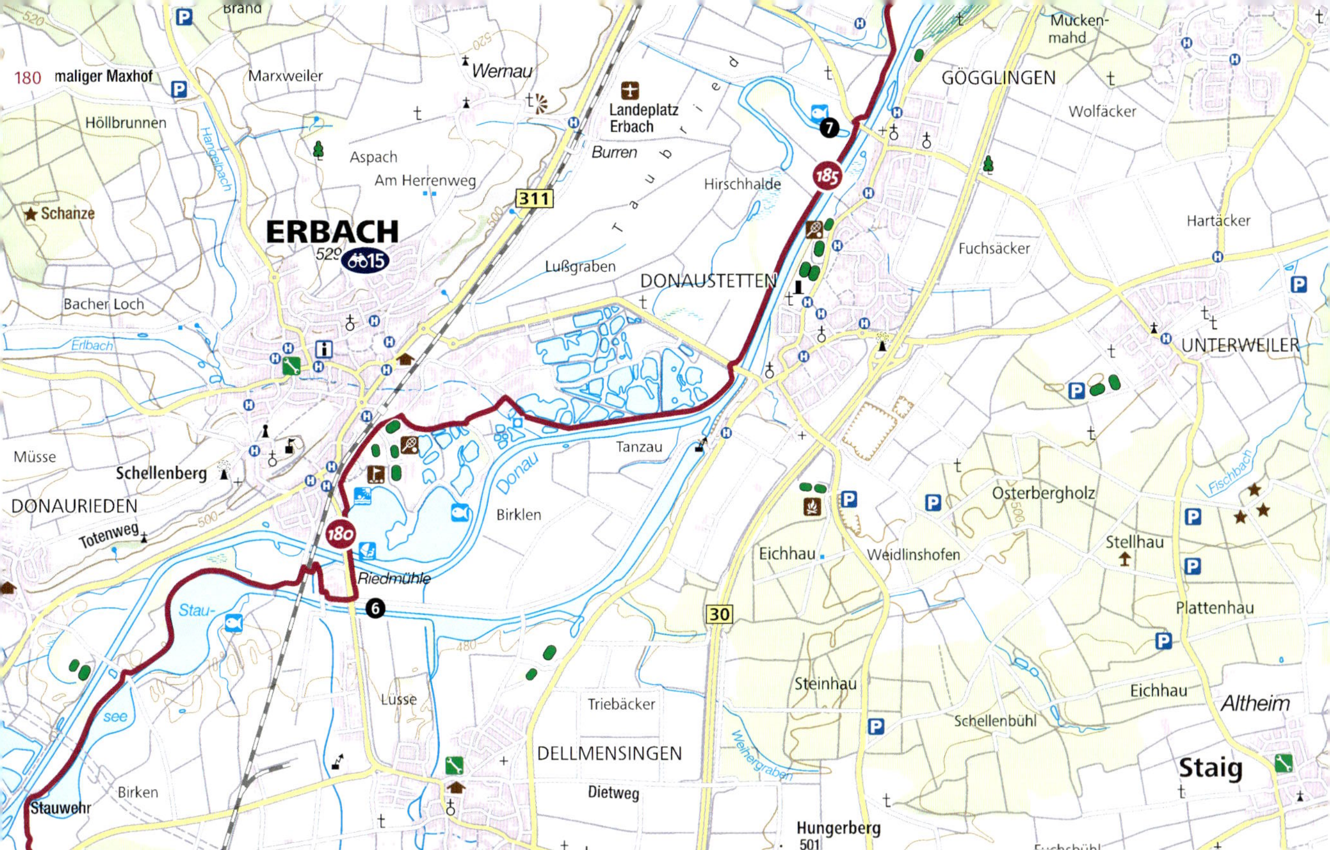
180
maliger Maxhof
Marxweiler
Wernau
Landeplatz Erbach
Höllbrunnen
Hangelbach
Aspach
Am Herrenweg
Burren
Tauberried
Hirschhalde
185
7
GÖGGLINGEN
Mucken-mahd
Wolfäcker
Schanze
ERBACH
529
15
311
Lußgraben
DONAUSTETTEN
Fuchsäcker
Hartäcker
UNTERWEILER
Bacher Loch
Erlbach
Müsse
Schellenberg
DONAURIEDEN
Totenweg
500
520
Donau
Tanzau
Birklen
180
Riedmühle
6
Stau-
see
Stauwehr
Birken
Lüsse
480
Triebäcker
DELLMENSINGEN
Dietweg
30
Eichhau
Weidlinshofen
Osterbergholz
Stellhau
Plattenhau
Steinhau
Schellenbühl
Eichhau
Altheim
Staig
Fischbach
Weihergraben
Hungerberg
501

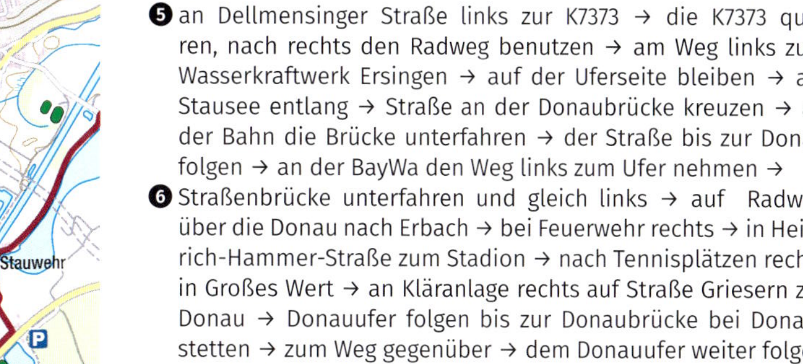

5 an Dellmensinger Straße links zur K7373 → die K7373 queren, nach rechts den Radweg benutzen → am Weg links zum Wasserkraftwerk Ersingen → auf der Uferseite bleiben → am Stausee entlang → Straße an der Donaubrücke kreuzen → an der Bahn die Brücke unterfahren → der Straße bis zur Donau folgen → an der BayWa den Weg links zum Ufer nehmen →

6 Straßenbrücke unterfahren und gleich links → auf Radweg über die Donau nach Erbach → bei Feuerwehr rechts → in Heinrich-Hammer-Straße zum Stadion → nach Tennisplätzen rechts in Großes Wert → an Kläranlage rechts auf Straße Griesern zur Donau → Donauufer folgen bis zur Donaubrücke bei Donaustetten → zum Weg gegenüber → dem Donauufer weiter folgen zur Straßenbrücke bei Gögglingen →

7 die Straße queren dann links auf Radweg → gleich rechts zurück an das Ufer → dem Weg folgen bis Abzweig links zur Hans-Lorenser-Straße am Industriegebiet Donautal → Straßenseite wechseln und rechts auf Radweg bis Umspannwerk → dahinter rechts über die Donau zur Laupheimer Straße K9906 →

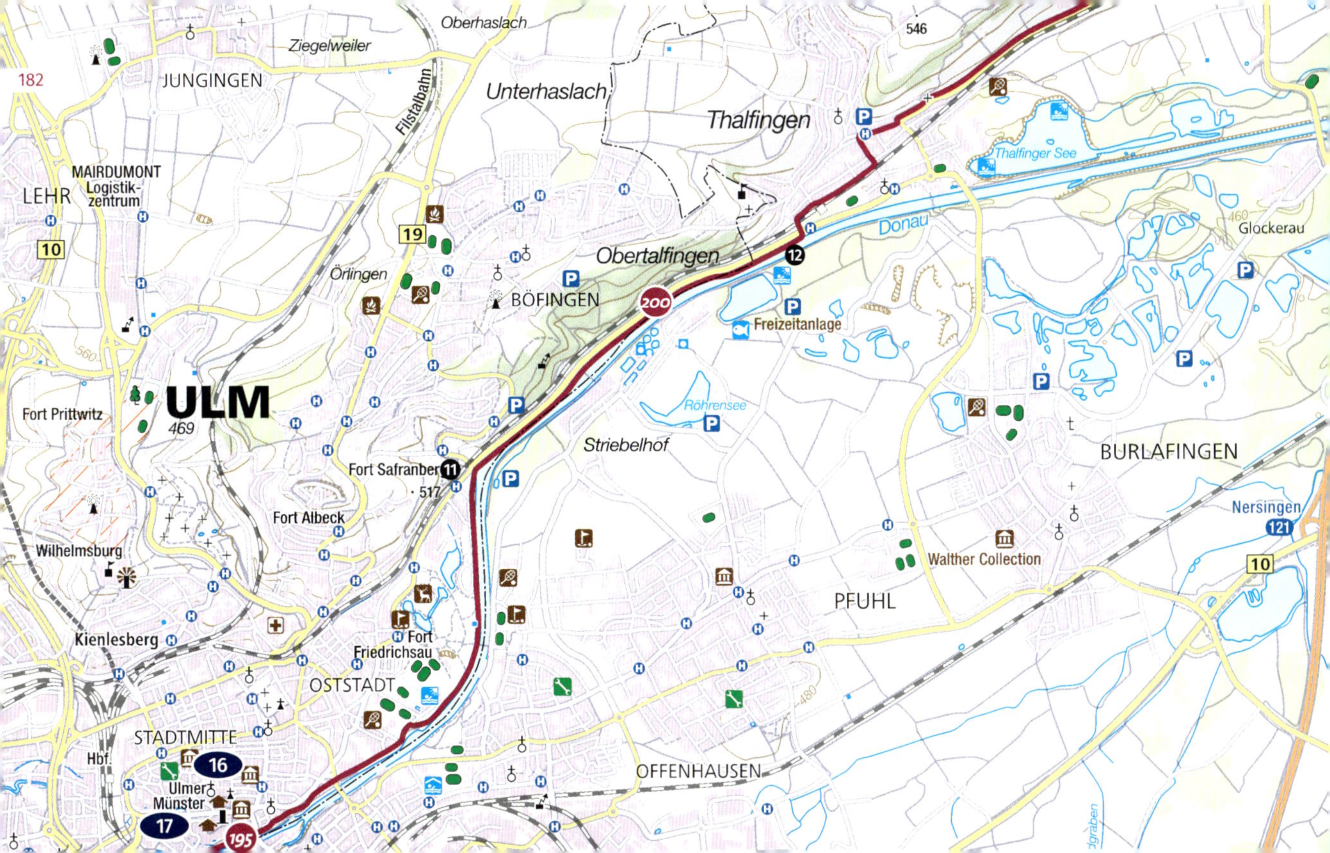
Oberhaslach
Ziegelweiler
JUNGINGEN
Unterhaslach
Thalfingen
546
Thalfinger See
Filstalbahn
MAIRDUMONT
Logistik-
zentrum
LEHR
10
19
Obertalfingen
Donau
Glockerau
460
12
Örlingen
BÖFINGEN
200
Freizeitanlage
560
ULM
469
Röhrensee
Fort Prittwitz
Striebelhof
BURLAFINGEN
Fort Safranberg
11
517
Fort Albeck
Nersingen
121
Wilhelmsburg
Walther Collection
10
PFUHL
Kienlesberg
Fort
Friedrichsau
OSTSTADT
480
STADTMITTE
Hbf.
16
Ulmer
Münster
OFFENHAUSEN
17
195

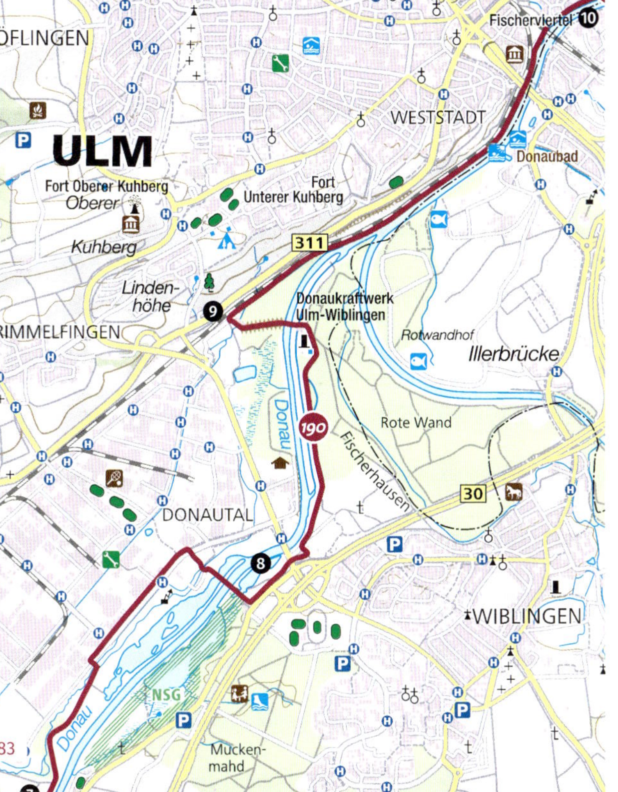

8 → dort links dem Radweg folgen und vorbei am Marineverein Ulm e.V durch die Straßenunterführung → links zum Donauufer und diesem fast zwei Kilometer folgen bis zum Donaukraftwerk Wiblingen SWU → über die Donau an die Bahnlinie →

9 vor Bahn rechts → zwischen Bahn und Donau nach Ulm → unterhalb Stadtmauer über Donauwiese (Altstadt Ulm) → geradeaus zur Herdbrücke und Donauinsel →

10 Brücke unterfahren zum Bootshaus → geradeaus Gänstorbrücke unterfahren → am Congress Centrum Ulm vorbei → am Donaustadion und Freibad entlang → am Donausteg Friedrichsau geradeaus → am Freizeitgelände Friedrichsau entlang → Messegelände am Ufer passieren zur K9913 →

11 rechts auf Radweg der K9913 folgen → am Parkplatz Wasserkraftwerk Böfinger Halde rechts zum Ufer → der Donau folgen bis Bushaltestelle Thalfingen, Unterführung →

12 die Straße queren → durch Unterführung → rechts auf Radweg zum Bahnhof Thalfingen → auf Am Bahnhdamm bis Donaustraße → links bis Elchinger Straße → Elchinger Straße rechts folgen zur NU8 → auf Radweg links der Elchinger Straße nach Elchingen → Thalfinger Straße queren →

13 geradeaus zum Bahnhof Oberelchingen →

Baurenfeld
Usterried
Westerried
Nau
Riedheim
120
Kreuz Ulm/Elchingen
8
E52
Fischerhöfe
E43
7
14
210
Weißingen
Donauwald
215
15
Leipheimer Baggersee
Unterpfählheimer See
Donauwaldsee
NSG
Kieswerk
Sandhacken
Grießholz
Leibi
Donauholz
Donau
66
Leipheim
18
LEIPHEIM
470
Raststätte Leipheim Süd
Rühmerteiche
NSG
Lechfeld
Roth
Nersingen
Unterfahlheim
480
Nersingersee
Biber
Museum für Bildende Kunst
Oberfahlheim
Echlishausen

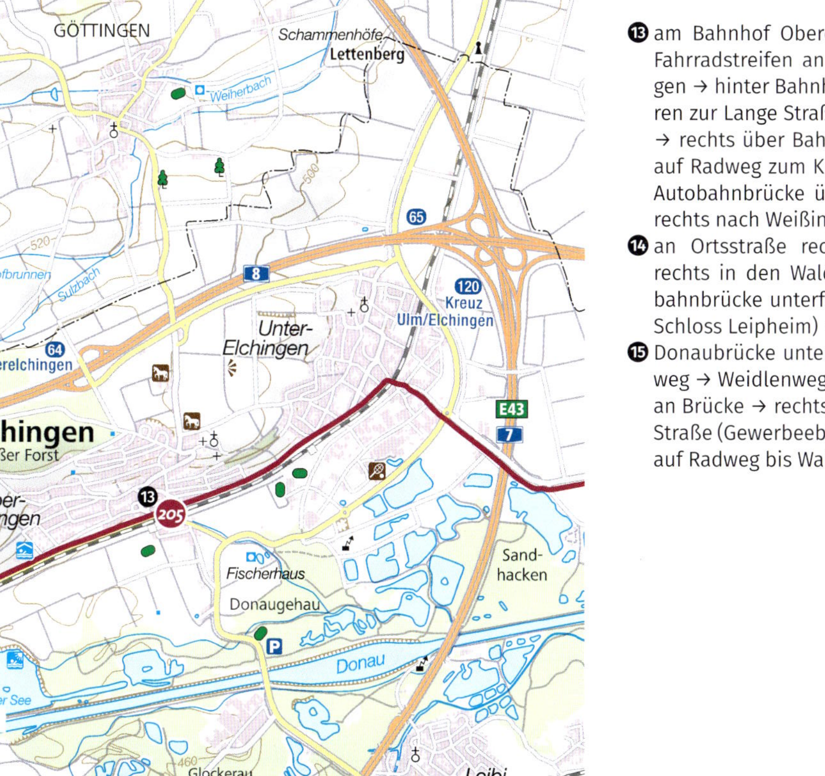

13 am Bahnhof Oberelchingen vorbei → auf Radweg dann auf Fahrradstreifen an Bahnhofstraße zum Bahnhof Unterelchingen → hinter Bahnhof bis Blumenstraße → Bahnhofstraße queren zur Lange Straße → Lange Straße folgen bis Bahnübergang → rechts über Bahn, dann links halten in Weißinger Straße → auf Radweg zum Kreisverkehr → geradeaus auf Radweg (NU8) Autobahnbrücke überfahren → Straße folgen → auf Radweg rechts nach Weißingen →

14 an Ortsstraße rechts (Radler-Tankstelle) bis Feuerwehr → rechts in den Wald → geradeaus auf Donauradweg → Autobahnbrücke unterfahren → an Sportanlagen rechts (Blick zum Schloss Leipheim) →

15 Donaubrücke unterfahren → am Parkplatz links zum Weidlenweg → Weidlenweg rechts (Gaststätte Schützenhaus) folgen bis an Brücke → rechts den Weg durch Nauwald zur Heidenheimer Straße (Gewerbeebiet Donauried) → Straße queren dann rechts auf Radweg bis Waldbad → Ziel Kapitel 4.

Stocketbrunnen
230
Schönauhof
Riedtopfen
Donau
Heimat-
museum
Birkenried
Grund-
remmingen
Donauauen
Donauried
Lüßgraben
Landeplatz
Günzburg-
Donauried
Landgraben
Donaustaustufe
Offingen
Neuoffingen
Schnuttenbach
Reisenburger
Baggerseen
Aschausee
Erdbeer-
see
Hebelsee
225
Weiler
Offingen
Wehranlage
444
Lutzenberger W.
Au
Donau
NSG
Landstrost
Großer
Griesele
Ziegelei
Minde
Topfletseen
Topflet
Römer-
straße
480
16
Lüßhof
3
Ziegelberg
501
Herrnholz
REISENSBURG
Geißberg
500
499
Kammel
Rettenbach
495
Fischteiche
Schromberg
19
Wehranlage
Silbersee
Römerstraße

Mooswald-seen
443 Landeplatz Günzburg-Donauried
Natur- schutzgebiet
Leibi
Nau
Start/Ziel
220
Donauwald
16
Frauenkirche
LEIPHEIM
470
19
20
GÜNZBURG
Bubesheimer Bach
460
Fliegerhorst-museum
Interkommunales Gewerbegebiet
Tiefenbrunnen
DENZINGEN

16 Ziel Kapitel 4.

1 Schlenker über Günzburger Altstadt. → Heidenheimer Straße folgen nach Günzburg zur Kirche St. Martin → links halten, Straße queren zum Stadtberg → Stadtberg bergauf nach links folgen zum Marktplatz (Schloss Günzburg rechts) → über Marktplatz (Fußgängerzone).

2 an Kreuzung geradeaus zur Dillinger Straße → auf Radweg bis Reisensburger Straße → rechts einbiegen und auf Radweg (linke Straßenseite) nach Reisensburg → in Reisensburg auf Günzburger Straße bis Weihergasse → links bergauf zum Schloss Reisensburg (Wissenschaftszentrum UNI Ulm) → an der Kapelle rechts auf Donaustraße bergab über die Donau →

3 Hauptroute an der Sportanlage erreicht.

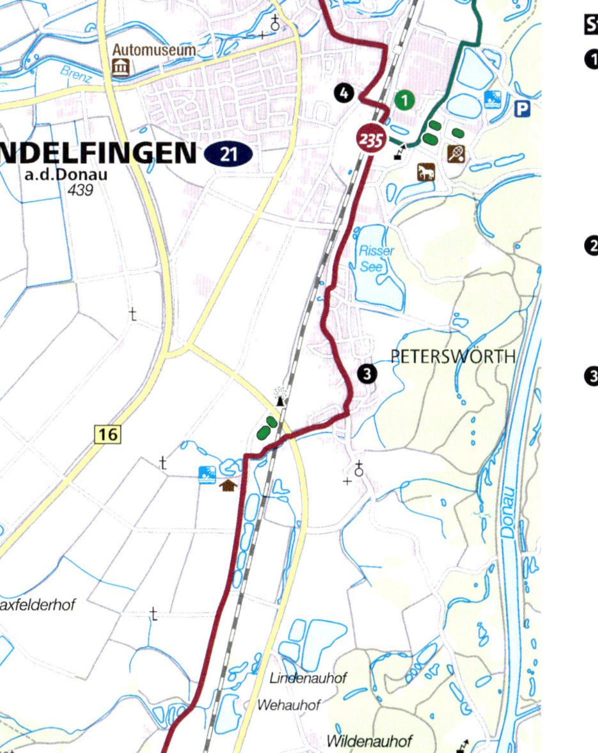

Start

❶ Start am Waldbad Günzburg, auf Straße zum Bad geradeaus → über Brücke links und geradeaus zur Grotte an In der Gmeind → B16 queren und auf Kammerweg geradeaus zum Ufer → am Ufer entlang zu Sportanlagen Reisensburg → auf Langeseeweg zur Betonstraße → Straße queren und rechts auf Weg zum Donauufer → der Donau folgen zum Kraftwerk Offingen → am Kraftwerk rechts halten → Bahnbrücke unterfahren →

❷ an der Lichtung scharf links → links halten über Bahnübergang → dahinter rechts und geradeaus zu Freibad Wünschsee → dahinter rechts zu Sportanlagen → rechts auf Radweg Bahn unterfahren nach Peterswörth → zur Straße DLG17 → Straße unterfahren geradeaus → auf Stegweide bis Peterswörther Straße →

❸ links der Straße folgen → ab Bauernfeld den Radweg rechts der Straße nutzen → auf Peterswörther Straße durch Gewerbegebiet bis Stadionstraße in Gundelfingen a.d. Donau →

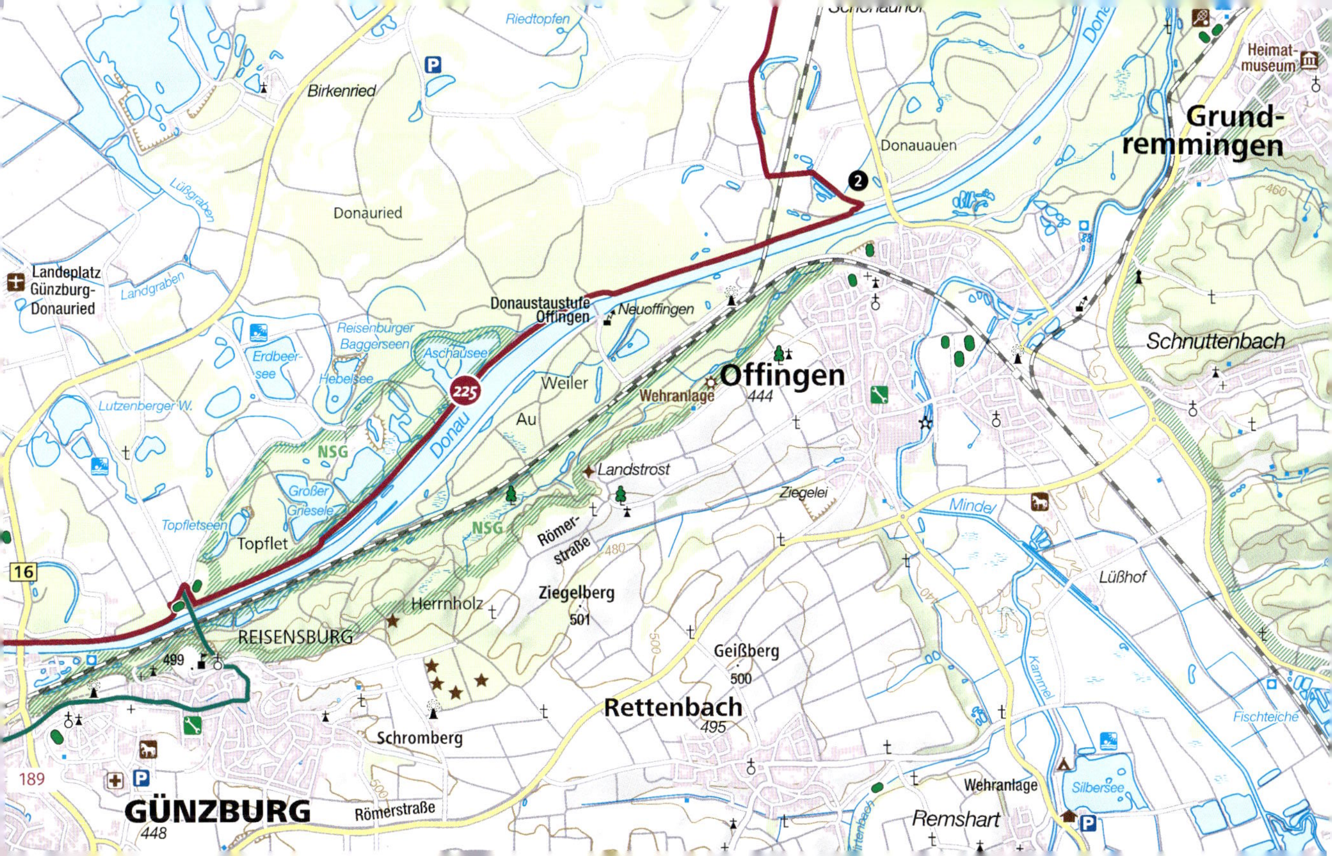
Grund-
remmingen
Heimat-
museum
Schnuttenbach
Donauauen
Riedtopfen
Birkenried
Donauried
Landeplatz
Günzburg-
Donauried
Landgraben
Lüßgraben
Donaustaustufe
Offingen
Neuoffingen
Reisenburger
Baggerseen
Aschausee
Erdbeer-
see
Hebelsee
Lutzenberger W.
225
Donau
Weiler
Au
NSG
Großer
Griesele
Topfletseen
Topflet
16
Offingen
444
Wehranlage
Landstrost
Ziegelei
Mindel
Römer-
straße
480
NSG
Herrnholz
Ziegelberg
501
REISENSBURG
499
Geißberg
500
Rettenbach
495
Schromberg
Lüßhof
Kammel
Fischteiche
Silbersee
Wehranlage
Remshart
GÜNZBURG
448
Römerstraße
460
500
2

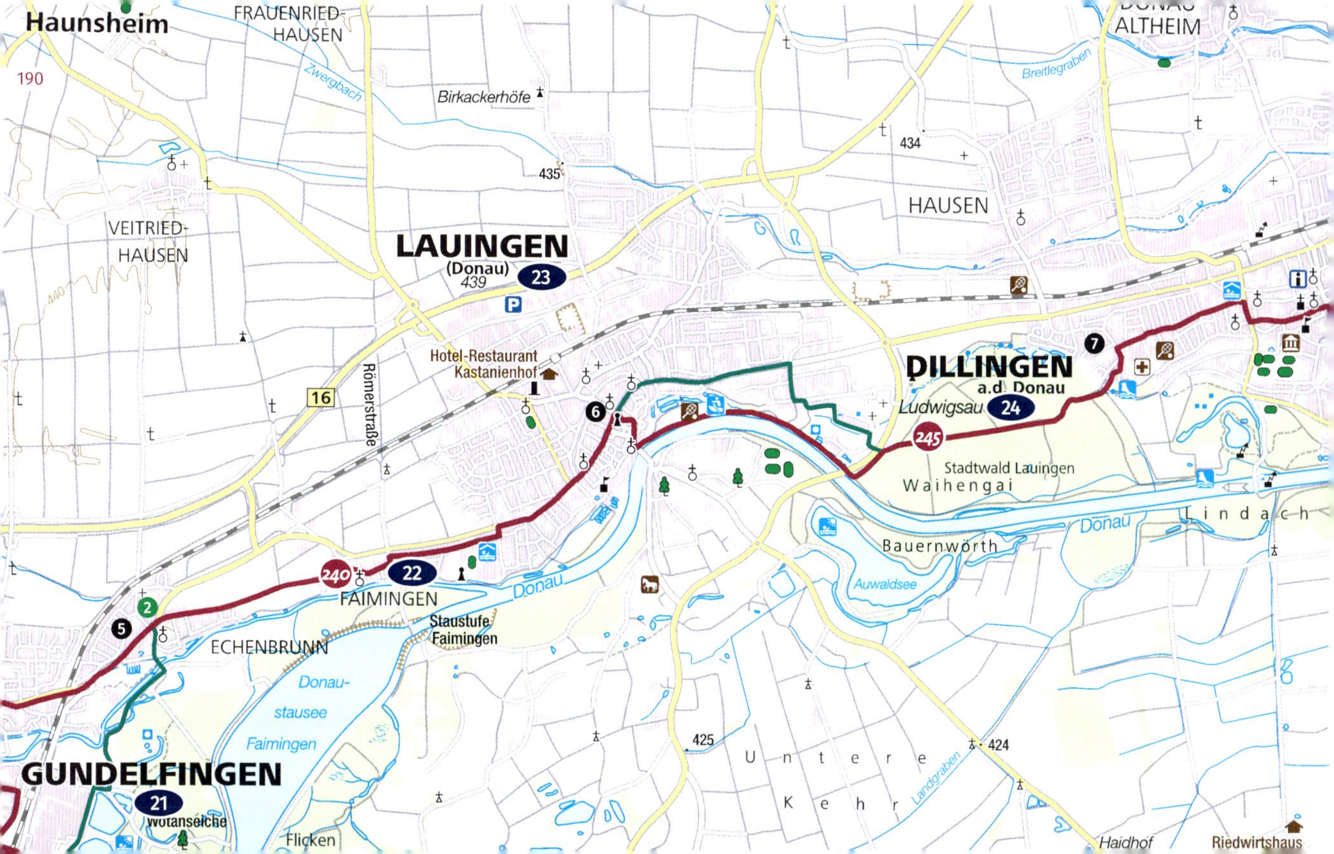
Haunsheim
FRAUENRIED-
HAUSEN
Zwergbach
Birkackerhöfe
434
435
HAUSEN
Breitlegraben
DONAU-
ALTHEIM
VEITRIED-
HAUSEN
440
LAUINGEN
(Donau)
439
23
Hotel-Restaurant
Kastanienhof
16
Römerstraße
6
DILLINGEN
a.d. Donau
Ludwigsau
24
7
245
Stadtwald Lauingen
Waihengai
Lindach
Donau
Bauernwörth
Auwaldsee
240
22
FAIMINGEN
Staustufe
Faimingen
2
5
ECHENBRUNN
Donau-
stausee
Faimingen
GUNDELFINGEN
21
Wotanseiche
Flicken
425
Untere
Kehr
Landgraben
424
Haidhof
Riedwirtshaus

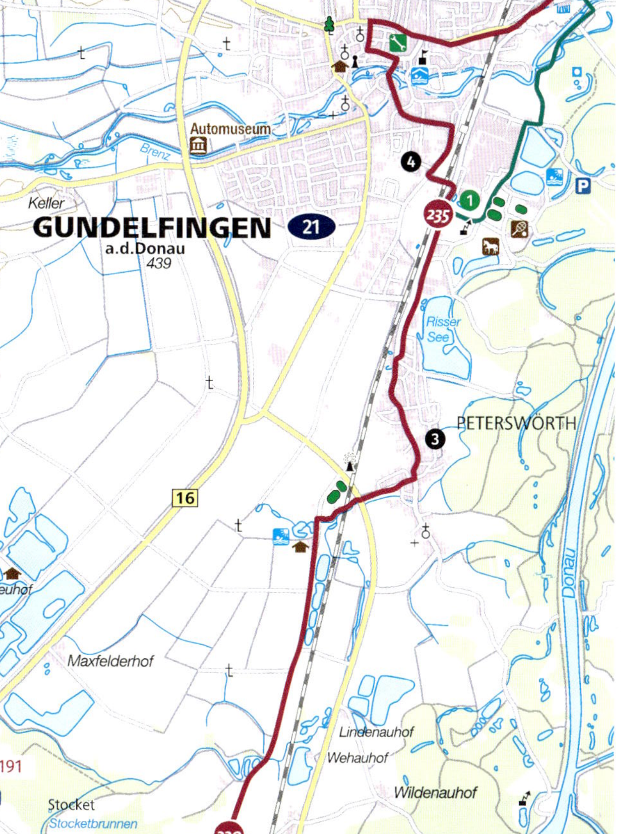

❹ ab Stadionstraße auf Peterswörther Straße bis Abzweig links → Bahnbrücke unterfahren rechts halten in Xaver-Schwarz-Straße → am Bahnhof Gundelfingen links in Bahnhofstraße → folgen bis Altstadt → am Unteres Tor links in Prof.-Bamann-Straße zur Hauptstraße → rechts zur Lauinger Straße → Straße queren dann rechts auf Radweg bis Riedhauser Straße → Straßenseite wechseln und Lauinger Straße auf auf Fahrradstreifen folgen nach Echenbrunn →

❶ Stadionstraße rechts, dann links an Sportanlagen entlang bis Gartnerstraße → rechts dann links in Weidweg bis Abzweig Brücke → links über Brenz in Vogteistraße zur Lauinger Straße →
❷ rechts gleich erneut rechts in Leitenstraße →

❺ rechts in Leitenstraße → über die Felder nach Faimingen → auf Magnus-Schneller-Straße zur Kapelle St. Blasius → weiter bis Römerstraße → links und gleich rechts in Kastellstraße → an Friedrich-Ebert-Straße links zur Gundelfinger Straße → rechts auf Fahrradstreifen bis Zenettistraße (Kirche St. Martin, rechts Schloss Lauingen) → weiter bis Rathaus (Albertus Magnus) →
❻ Imhofstraße rechts bis Donaustraße → rechts bis Kirche St. Alban → Straße queren und auf Segrépromenade → zum Donauufer → auf Radweg Donau folgen → Straßenbrücke unterfahren → dahinter links hinauf zur Einmündung an St20125 → rechts auf Weg durch Wald nach Dillingen a.d. Donau → geradeaus zur Mozartstraße → links folgen zur Ziegelstraße →
❼ gegenüber den Radweg nach rechts benutzen bis Prälat-Hummel-Straße St2032 → rechts bis Kreuzung → Staße queren und in Kardinal-von-Waldburg-Straße bis Brunnen → geradeaus auf Königstraße durch Altstadt (rechts Schloss Dillingen) und Mitteltor → rechts auf Am Stadtberg zum Kreisverkehr → geradeaus entlang der Donaustraße bis an Donaubrücke (Gaststätte Zum Zoll) →

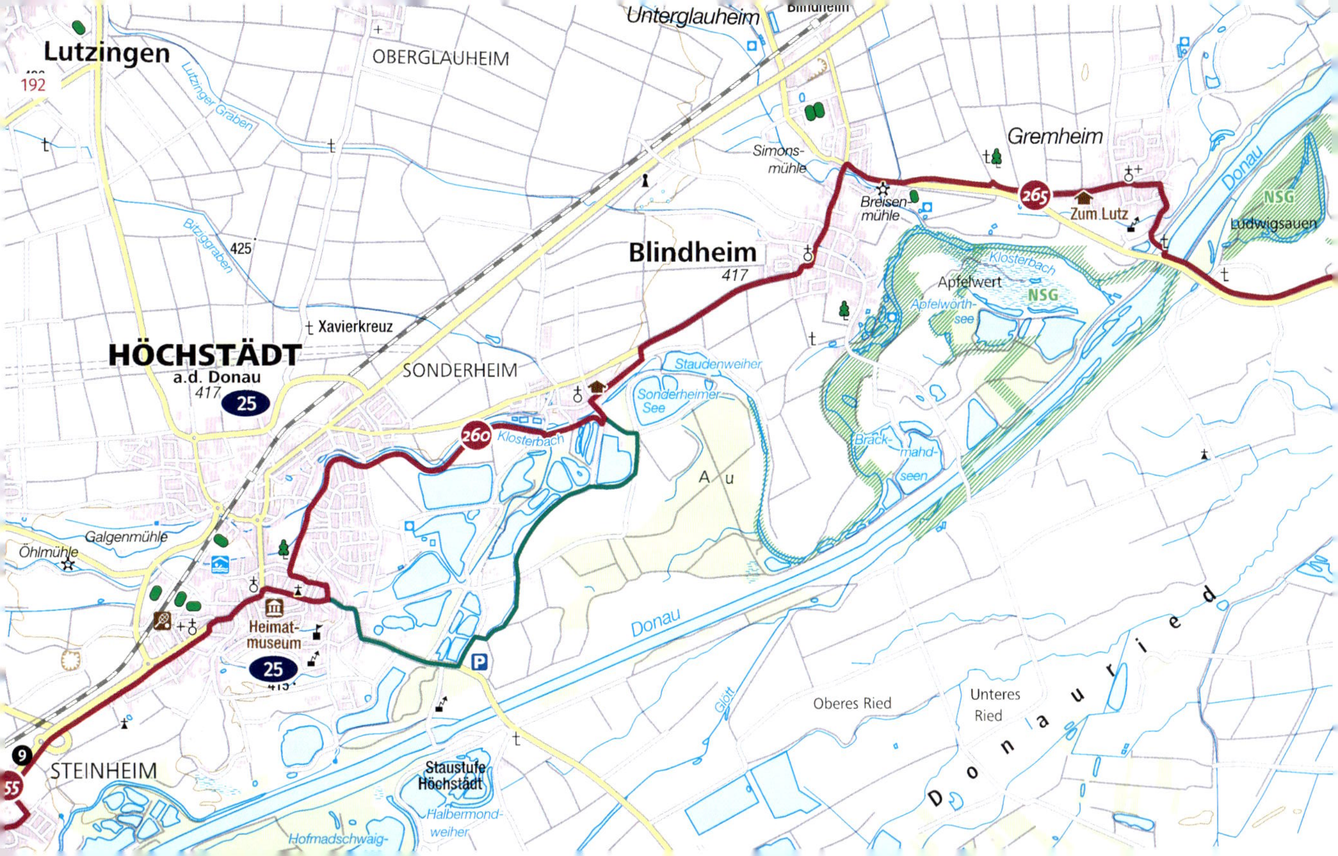

Lutzingen
192
OBERGLAUHEIM
Unterglauheim
Gremheim
Lutzinger Graben
Simons-
mühle
Breisen-
mühle
265
Zum Lutz
Donau
NSG
Ludwigsauen
Bitziggraben
425
Blindheim
417
Klosterbach
Apfelwert
NSG
Apfelwörth-
see
Xavierkreuz
HÖCHSTÄDT
a.d. Donau
417
25
SONDERHEIM
Staudenweiher
Sonderheimer
See
260
Klosterbach
Brack-
mahd-
seen
A u
Galgenmühle
Öhlmühle
Heimat-
museum
25
Donau
P
Oberes Ried
Unteres
Ried
Glött
Donauried
9
STEINHEIM
Staustufe
Höchstädt
Halbermond-
weiher
Hofmadschwaig-

8 Straße queren zum Nachtweideweg → rechts hinunter zum Donauufer → Donauradweg folgen bis Spittelaustraße in Steinheim → rechts zu den Sportanlagen und Gaststätte Donaustuben → links in Jahnstraße → geradeaus in Jägerstraße bis Römerstraße → rechts bis Markomannstraße → links bis Pfalz-Neuburg-Straße →

9 rechts auf Radweg entlang DLG42/B16 nach Höchstädt a.d. Donau → entlang Dillinger Straße zum Marktplatz →

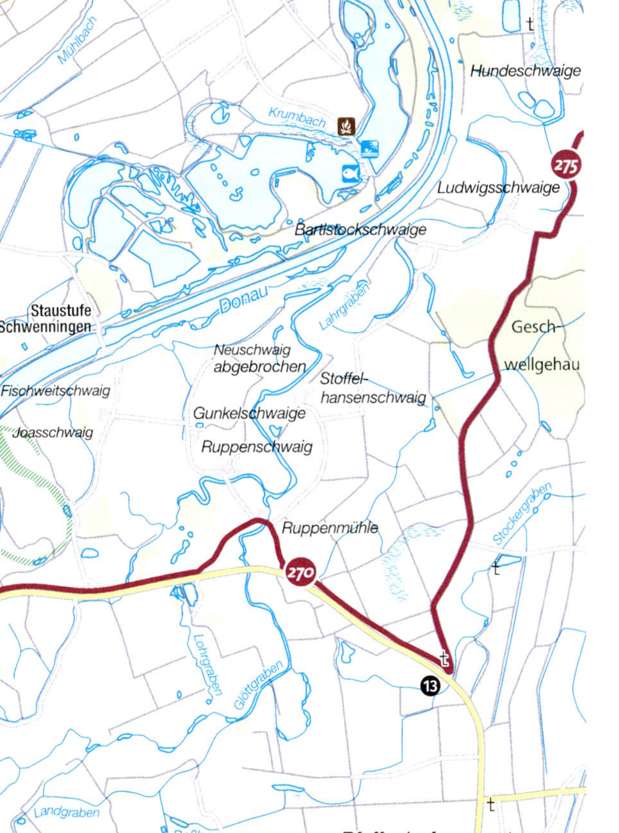

9 rechts auf Radweg entlang DLG42/B16 nach Höchstädt a.d. Donau → entlang Dillinger Straße zum Marktplatz → rechts in Herzogin-Anna-Straße zum Museum und Schloss Höchstädt →

10 links in Geigergasse → heißt dann An der Mauer bis Bürgermeister-Reiser-Straße → rechts einbiegen → an der Kurve geradeaus → dem Weg am Bach folgen → an der Brücke geradeaus bis Jordanstraße in Sonderheim → links auf Jordanstraße zur Hauptstraße → an der Hauptstraße rechts zur DLG23 →

11 rechts auf Radweg entlang der Straße nach Blindheim → auf Höchstädter Straße zur Ortsmitte → heißt jetzt Bahnhofstraße → bis an Kreuzung mit Petersruhstraße rechts in Mühlstraße → am Hotel Straße queren und auf Radweg entlang DLG23 nach Gernheim → an Hauptstraße links durch den gesamten Ort →

12 am Kindergarten links Straße queren und auf Radweg zur Brücke → über die Brücke und auf Radweg entlang DLG23 bis Abzweig Ruppenmühle → links zur Ruppenmühle und wieder zur DLG23 → links auf Radweg bis Abzweig nach Bäldleschwaige →

13 links einbiegen und Straße bis Bäldleschwaige folgen → am Hofgut (Gaststätte) vorbei nach Rettingen →

14 an Straßeneinmündung rechts → Straße folgen nach Zusum → von Zusum

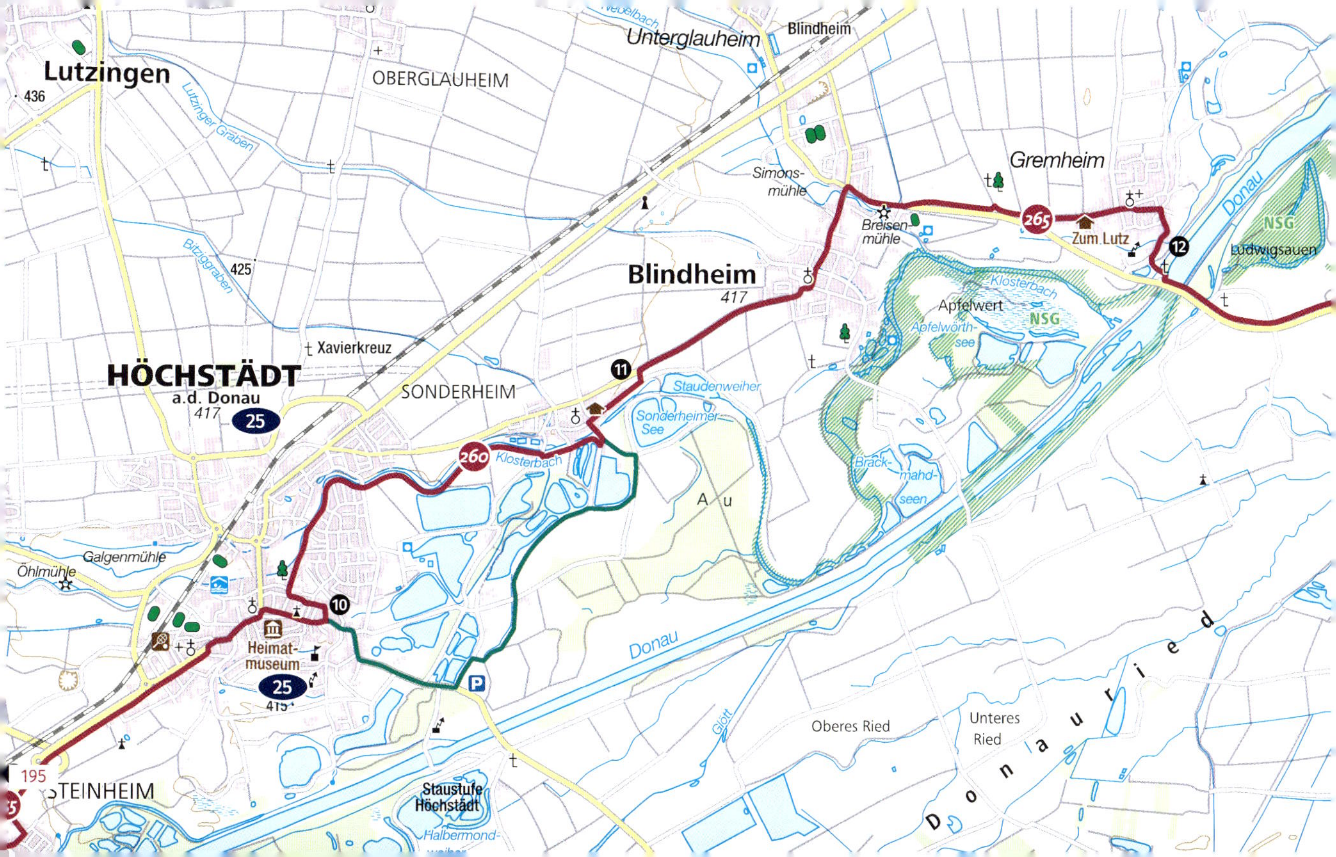
Lutzingen
436
OBERGLAUHEIM
Unterglauheim
Blindheim
Lutzinger Graben
Bitziggraben
425
Xavierkreuz
HÖCHSTÄDT
a.d. Donau
417
25
SONDERHEIM
Gremheim
Simons-
mühle
Breisen-
mühle
265
Zum Lutz
12
Donau
NSG
Ludwigsauen
Blindheim
417
Klosterbach
Apfelwert
Apfelwörth-
see
11
Staudenweiher
Sonderheimer
See
260
Klosterbach
Brack-
mahd-
seen
Au
Galgenmühle
Öhlmühle
10
Heimat-
museum
25
415
P
Donau
Glött
Oberes Ried
Unteres
Ried
D o n a u r i e d
Staustufe
Höchstädt
Halbermond-
STEINHEIM

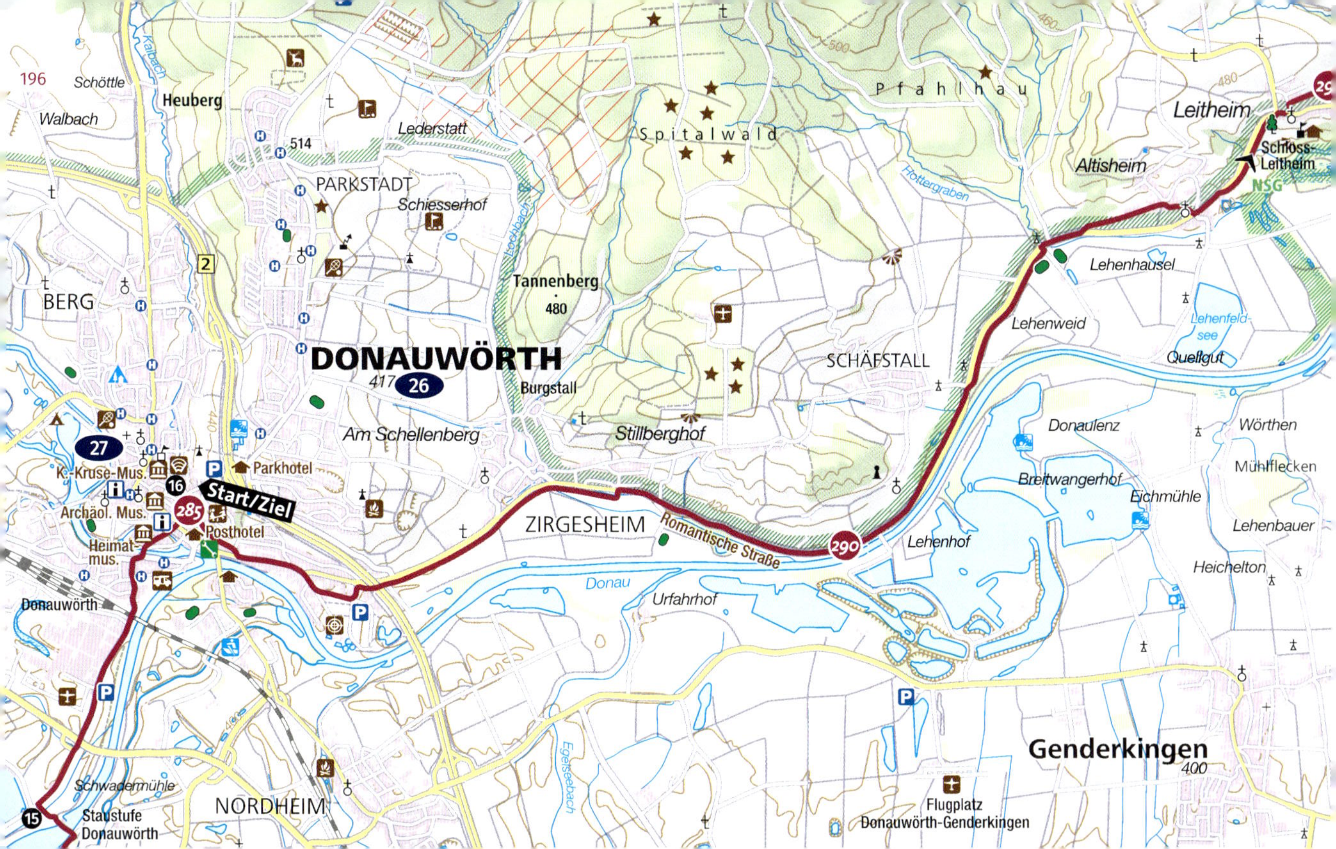

Schöttle
Walbach
Heuberg
Kalbach
514
PARKSTADT
Lederstatt
Schiesserhof
Pfahlhau
Spitalwald
Leitheim
Altisheim
Schloss-Leitheim
NSG
Hottergraben
Lochbach
Tannenberg
480
BERG
DONAUWÖRTH
417
26
Burgstall
Am Schellenberg
Stillberghof
SCHÄFSTALL
Lehenhausel
Lehenweid
Lehenfeld-see
Quellgut
Donaulenz
Wörthen
Mühlflecken
Breitwangerhof
Eichmühle
Lehenbauer
Heichelton
Lehenhof
27
K.-Kruse-Mus.
Archäol. Mus.
Heimat-mus.
16
285
Start/Ziel
Parkhotel
Posthotel
2
440
ZIRGESHEIM
Romantische Straße
290
Donau
Urfahrhof
Donauwörth
Egelseebach
Genderkingen
400
Flugplatz Donauwörth-Genderkingen
Schwadermühle
NORDHEIM
15
Staustufe Donauwörth

⓮ an Straßeneinmündung rechts → Straße folgen nach Zusum → von Zusum zum Abzweig Staustufe Donauwörth → links zur Donau über die Staustufe → halb links hoch zu Am Kesseldamm →

⓯ rechts auf Am Kesseldamm nach Donauwörth → Straßenbrücke unterfahren → auf Industriestraße an Airbus Helicopters vorbei → vor Bahnbrücke rechts in Gartenstraße → Bahnbrücke unterfahren → in Gartenstraße zur Bahnhofstraße →

⓰ rechts gleich links über Altstadtinsel zum Rathaus. Ziel Kapitel 5.

Start

❶ Start am Rathaus Donauwörth. Von der Rathausstraße geradeaus in Rathausgasse zur Promenade → hinteren Weg rechts durch die Grünanlage → am ehemaligen Bahnhof vorbei zur Einmündung Zirgesheimer Straße → links über den Parkplatz zur Zirgesheimer Straße → links auf den Weg der Straße entlang zum Albweg → Straßenseite wechseln und am Schützenring rechts bis Amorellenwörth → folgen zum Parkplatz → links Im Weichselwörth zur Zirgesheimer Straße dann rechts →

❷ Straßenbrücke unterfahren und auf Fahrradstreifen entlang der St2215 nach Zirgesheim → am Ortsende die Straßenseite wechseln → auf Radweg links der Straße über Schweizerhof nach Schäfstall → geradeaus zur Ortszufahrt Altisheim →

❸ links in Gartenstraße zur Willibaldstraße → rechts zur Kirche St. Willibald an Donaustraße → links Richtung Leitheim → am Ortsende rechts auf den Weg parallel zur St2215 nach Leitheim → am Schloss Leiheim links in Jurastraße → gleich rechts in An der Leiten zur St2215 → auf Radweg nach Graisbach → links in den Ort →

❹ rechts auf Graf-Reisach-Straße zur St2215 → auf Radweg links nach Lechsend → auf Schwabenstraße durch Lechsend → ab Ortsende auf Radweg rechts entlang St2215 nach Marxheim → auf Bayernstraße bis Donaustraße → rechts hinunter zur Donau → den Radweg rechts benutzen nach Bruck →

❺ Straßenseite wechseln zu Sportanlagen → rechts hinunter an die Donau → dem Donauufer folgen nach Bertoldsheim →

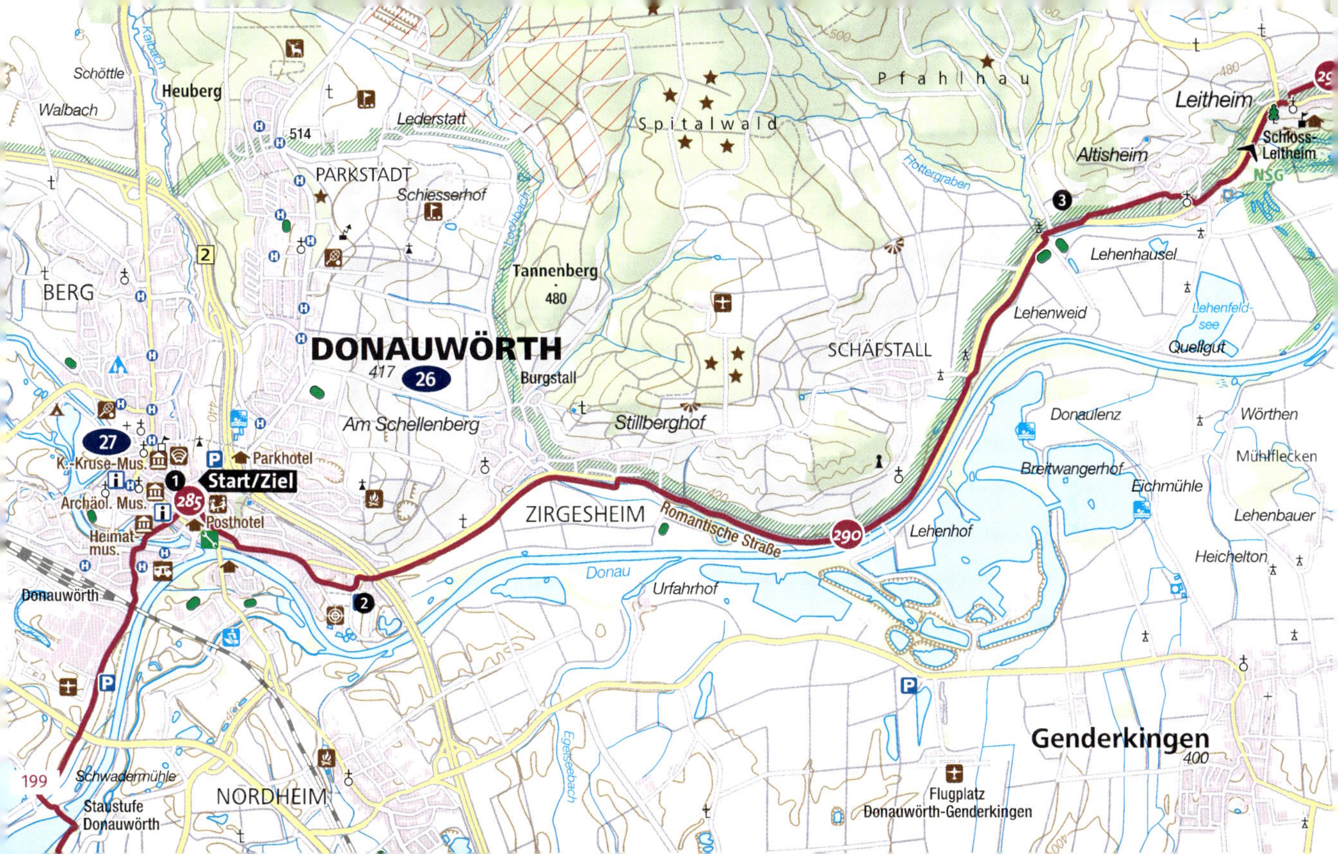

Schöttle
Heuberg
Walbach
Lederstatt
514
PARKSTADT
Schiesserhof
Spitalwald
Pfahlhau
Leitheim
Schloss-Leitheim
Altisheim
NSG
Hottergraben
Lehenhausel
Tannenberg
480
Lehenweid
Lehenfeld-see
Quellgut
BERG
DONAUWÖRTH
417
26
Burgstall
SCHÄFSTALL
Stillberghof
Am Schellenberg
Donaulenz
Wörthen
Mühlflecken
Breitwangerhof
Eichmühle
Lehenbauer
Heichelton
27
K.-Kruse-Mus.
Parkhotel
Start/Ziel
Archäol. Mus.
285
Posthotel
Heimat-mus.
ZIRGESHEIM
Romantische Straße
290
Lehenhof
Donau
Urfahrhof
Donauwörth
2
Genderkingen
400
Egelseebach
Flugplatz
Donauwörth-Genderkingen
Schwadermühle
NORDHEIM
Staustufe
Donauwörth

5 Straßenseite wechseln zu Sportanlagen → rechts hinunter an die Donau → dem Donauufer folgen Richtung Bertoldsheim → am Abzweig links über die Brücke → rechts nach Bertoldsheim →

6 die St2047 queren → auf Seestraße zur Burgheimer Straße → links Burgheimer Straße folgen bis Bräuhausstraße → rechts dann wieder rechts der Marxheimer Straße folgen bis Parkstraße → links und nach Kapelle rechts in An der Allee → gegenüber St2047 dem Fahrweg folgen (Ursprungskapelle) nach Rennertshofen-Hatzenhofen → nach Marienkapelle rechts in Egloffstraße →

7 Straße rechts folgen, heißt jetzt Hatzenhofener Straße nach Stepperg → an Usselstraße rechts halten → links um Teich herum zur Rennertshofener Straße → rechts dann auf Antonibergstraße zum Schloss Stepperg → Antonibergstraße links folgen →

8 dann rechts auf dem Donauradweg nach Riedensheim → geradeaus in den Ort dann rechts in Weberstraße zur St2214 → parallel zur Straße bis Abzweig rechts →

9 rechts in den Wald und der Beschilderung des Donauradweges nach Bittenbrunn folgen →

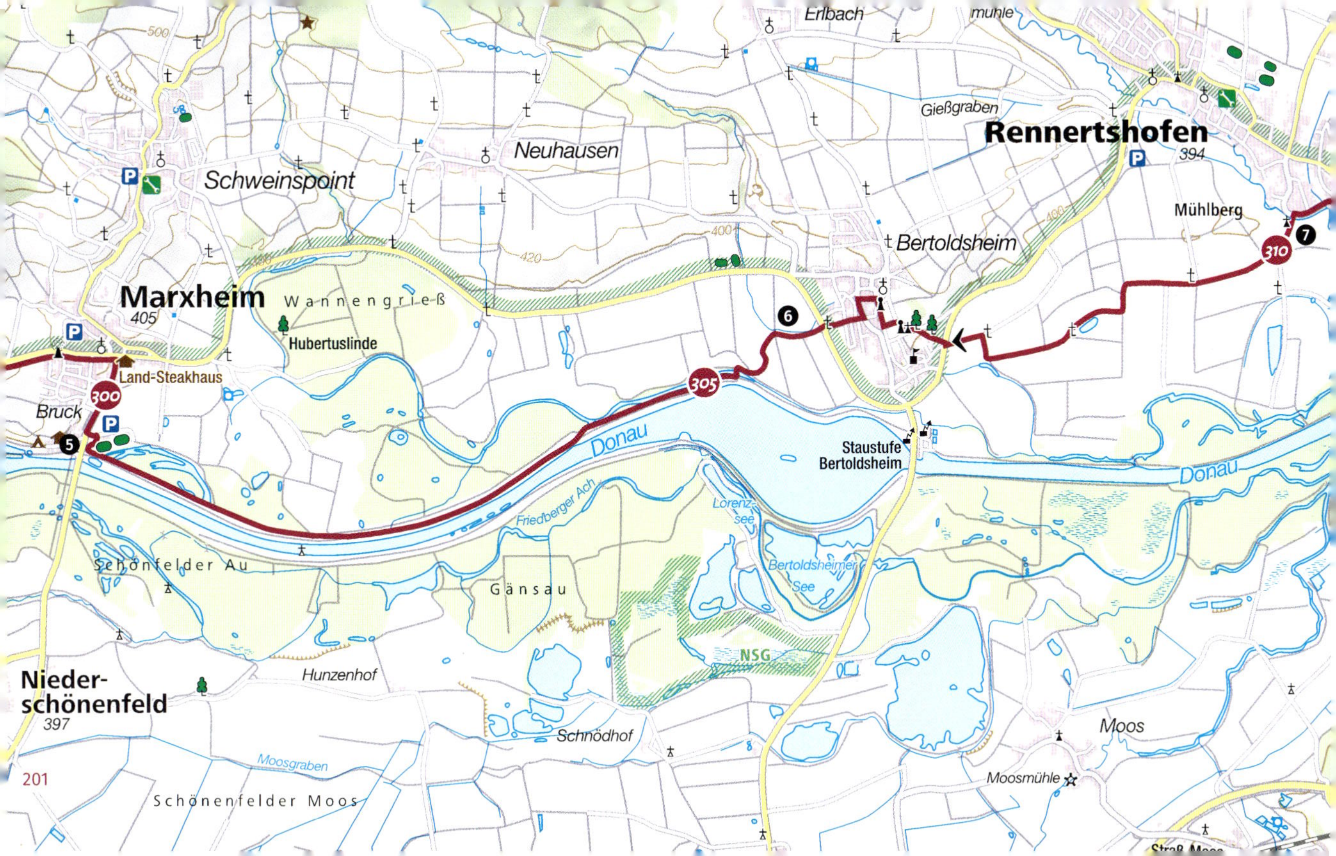
Erlbach
Gießgraben
Rennertshofen
394
Mühlberg
7
310
Neuhausen
Schweinspoint
Bertoldsheim
500
400
420
Marxheim
405
Wannengrieß
Hubertuslinde
6
Land-Steakhaus
300
305
Bruck
5
Donau
Staustufe
Bertoldsheim
Donau
Friedberger Ach
Lorenz-
see
Bertoldsheimer
See
Schönfelder Au
Gänsau
NSG
Hunzenhof
Nieder-
schönenfeld
397
Schnödhof
Moos
Moosmühle
Moosgraben
Schönenfelder Moos

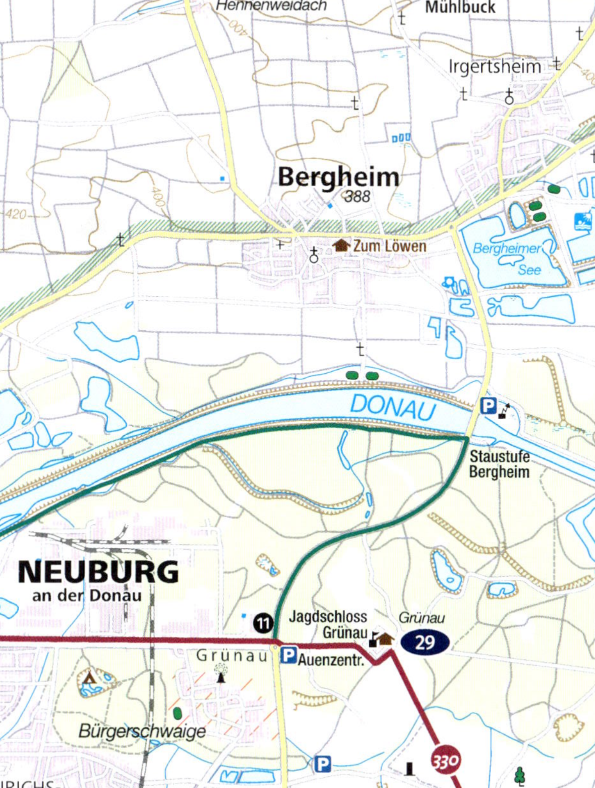

❾ rechts in den Wald und der Beschilderung des Donauradweges nach Bittenbrunn folgen → am Ort der Weingartenstraße rechts folgen dann links zum Hüldernweg → rechts zur Eulatalstraße → ihr zur St2214 Monheimer Straße folgen → ihr kurz folgen dann rechts auf Weg zum Spielplatz an der Donau → unterhalb Gewerbegebiet Bittenbrunn entlang nach Neuburg a.d. Donau →

❿ an der Donaubrücke rechts über die Donau und Leopoldineninsel → Elisenplatz und Schloss Neuburg → am Elisenplatz rechts in Zur Hölle an das Ufer → Brücke unterfahren → am Donauufer entlang zum Englischen Garten → rechts auf Radweg der Oskar-Wittmann-Straße folgen → an Schule vorbei zur Siedlung → auf Fahrbahn Grünauer Straße wechseln → bei Kläranlage wieder auf Radweg → folgen bis Kreisverkehr →

⓫ geradeaus zum Jagdschloss Grünau → am Schloss vorbei → links herum dann rechts zum Gut Rohrenfeld → links durch das Gut → an Gabelung links → dem Donauradweg durch Wald nach Weichering folgen → am Abzweig nach Schornreut geradeaus

⓬ zum Bahnübergang vor Weichering → danach links in Am Anger

Grube Kreuzgründe
Grube am Steinbruch
Galgenberg
461
Trauberg
419
Römerstraße
GIETLHAUSEN
Grube Pfaffengrund
Ziegelau
HESSELLOHE
Platte
Riedensheim
9
418
LAISACKER
RIED
JOSHOFEN
Giesbach
Arco Schlösschen
Weinberg
Au-schlößchen
BITTENBRUNN
Grube Kieselweiß
320
NSG
Finkenstein
Kurfürstenlinde
28
Hofkirche
Stadtmuseum
Schloss Neuburg
10
Englischer Garten
325
Schlossmus.
Donau
Staustufe Bittenbrunn
Eulahof
Klause
Saliterer
NEUBURG
an der Donau
403
JVA
HEINRICHSHEIM
Alte Burg
458
Beutmühle
Höfelhof
442
Krametsberg
Rödenhof
16
St. Andreaskapelle
FELDKIRCHEN
MARIENHEIM
Kreut Wüstung
NSG
Oberhausen
SEHENSAND

⓬ danach links in Am Anger→ links über Brücke → rechts Achstraße folgen bis Gabelung → rechts in Bahnhofstraße und auf Radweg bis Bahnhof Weichering → Straße folgen und Bahnbrücke unterfahren →

⓭ in Rosenschwaig links über Ach-Brücke → gleich rechts dann geradeaus → am Wasserwerk rechts-links → auf der ehemaligen Bahntrasse den Baggerweg kreuzen → geradeaus parallel zum Baggerweg → Baggerweg erneut kreuzen → auf Weg Luitpoldstraße zur Glacisbrücke in Ingolstadt →

⓮ Brücke unterfahren dann links über die Donau → rechts und Straße unterfahren → rechts entlang Schlosslände zur Jahnstraße → links in Jahnstraße bis Freibad Ingolstadt →

⓯ rechts durch Kreuztor auf Kreuzstraße zur Altstadt → an Fußgängerzone rechts in Luftgasse bis Dollstraße → links folgen zur Mozartstraße → am Rathausplatz links über Hallstraße zum

⓰ Neuen Schloss.
→ Ziel Kapitel 6.

DONAU
Haunwöhr
Schafirrsee
Aich
Stanglettenschütt
Knoglersfreude
340
Fort
Rosenschwaig
371
13
Samholz
Herrenschwaige
Zeller Kanal
Schornreut
MAXWEILER
Oberschwaig
Rosen-
schwaig
335
12
Sandrach
Schornreuter Kanal
Landgasthof
Vogelsang
Weichering
373
Hagau
16
Obermühle
Oster-
feldsiedlung
Zuchering
SÜD
Brucker
Forst
Weicheringer
See
Kochheim
Winden
Lichtenau
Brucker Moos
Neuschwetzingen
Lichtenauer
Kanal

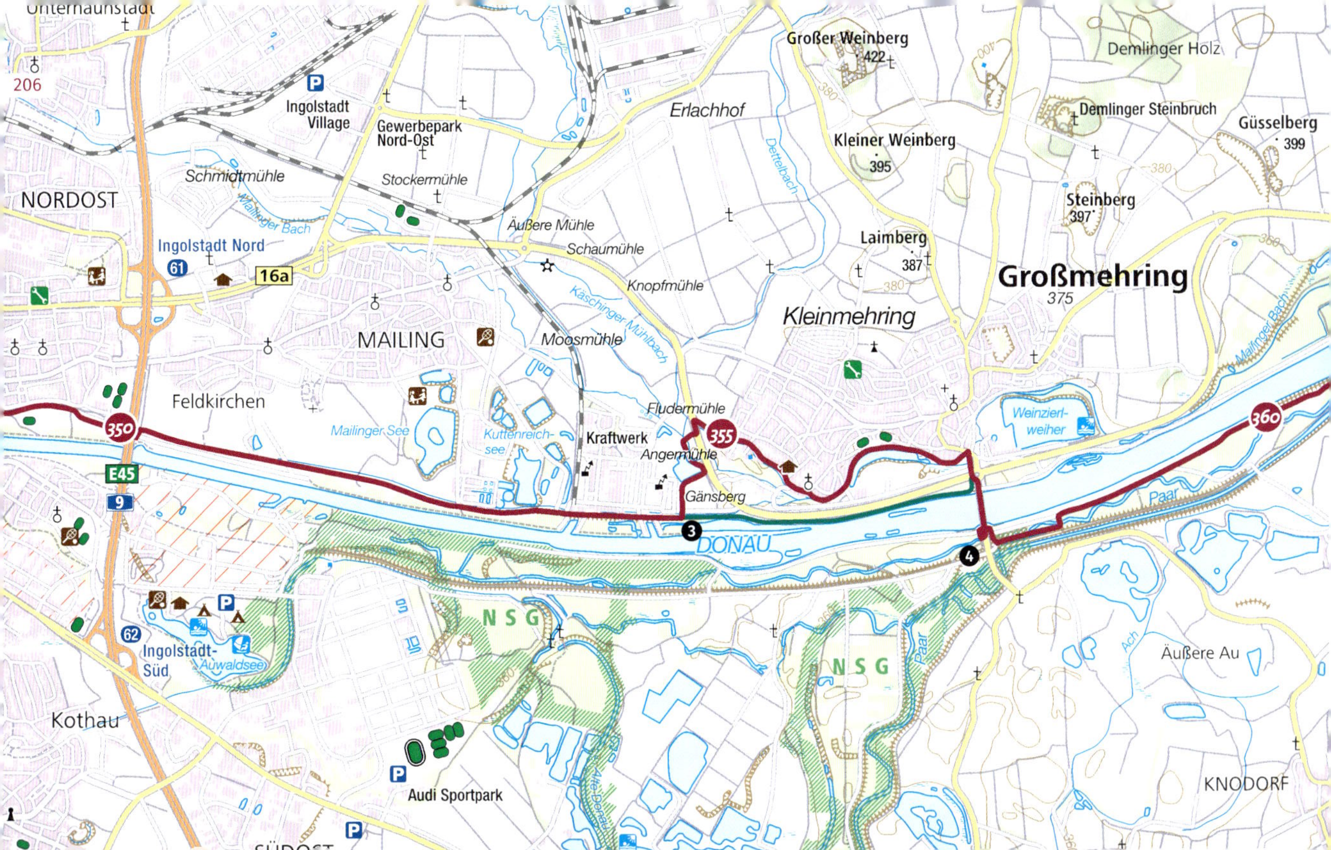
Unterhaunstadt
NORDOST
Ingolstadt Village
Gewerbepark Nord-Ost
Schmidtmühle
Stockermühle
Mailinger Bach
Ingolstadt Nord
61
16a
Erlachhof
Äußere Mühle
Schaumühle
Knopfmühle
Käschinger Mühlbach
Moosmühle
MAILING
Feldkirchen
Mailinger See
Kuttenreich-see
Kraftwerk
Fludermühle
Angermühle
Gänsberg
Dettelbach
Großer Weinberg
422
Kleiner Weinberg
395
Laimberg
387
380
Kleinmehring
Großmehring
375
Demlinger Holz
Demlinger Steinbruch
Güsselberg
399
Steinberg
397
Weinzierl-weiher
Mailinger Bach
350
355
360
E45
9
DONAU
Paar
NSG
62
Ingolstadt-Süd
Auwaldsee
Kothau
Audi Sportpark
Alte Donau
Ach
Äußere Au
KNODORF
SÜDOST

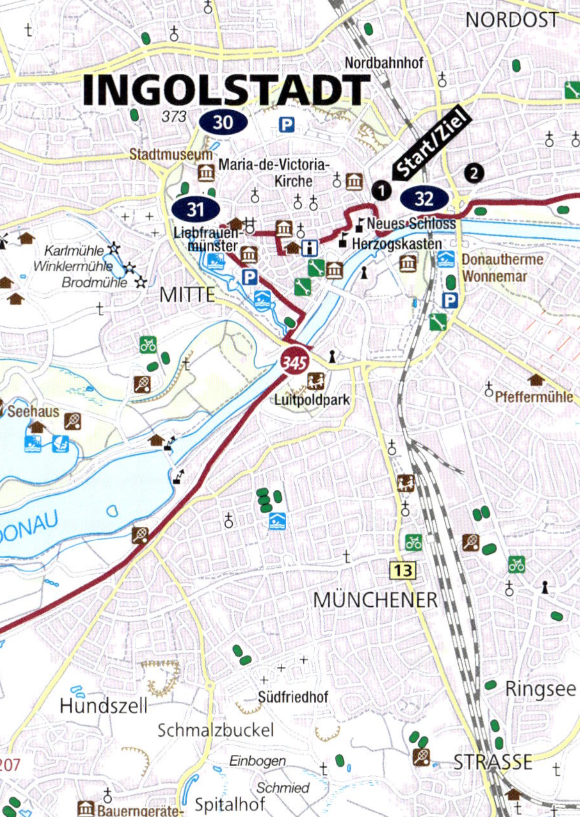

Start

❶ Start am Neuen Schloss Ingolstadt → auf Paradeplatz vor Schloss links → dann rechts zur Esplanade und Roßmühlstraße → Roßmühlstraße rechts auf Radweg zur Schlosslände → Straßenseite wechseln und links auf Fahrradstreifen → Bahnbrücke und Straßenbrücke unterfahren → der Schlosslände folgen → an der Auffahrt zur Brücke rechts auf Radweg →

❷ parallel zur Gerhardt-Hauptmann-Straße → geradeaus zur Sportanlage Nord-Ost → hinter dem Parkplatz zur Wirffelstraße → Autobahn A9 unterfahren → hinter Brücke links gleich rechts der Donau folgen → an Kläranlage geradeaus → Kraftwerk Ingolstadt passieren →

❸ am Ende des Umspannwerkes links → dem Weg zur B16a folgen → an Einmündung links zum Gewerbeweg → rechts gleich links und die B16a unterfahren → an Nibelungenstraße rechts → bei Kirche St. Michael rechts in Uferstraße → am See entlang zur Donaustraße → rechts gleich erneut rechts in Dammweg zur B16a → Straße queren dann links auf Brücke über Donau →

❹ an der Kreuzung links die St2335 queren → dem Weg folgen und links zum Donauufer → rechts der Donau folgen → am Wärmekraftwerk Irsching dem Weg am Ufer folgen → am Wasserkraftwerk Vohburg rechts halten zur Straße →

❺ davor links auf Dammweg zur Donaubrücke in Vohburg →

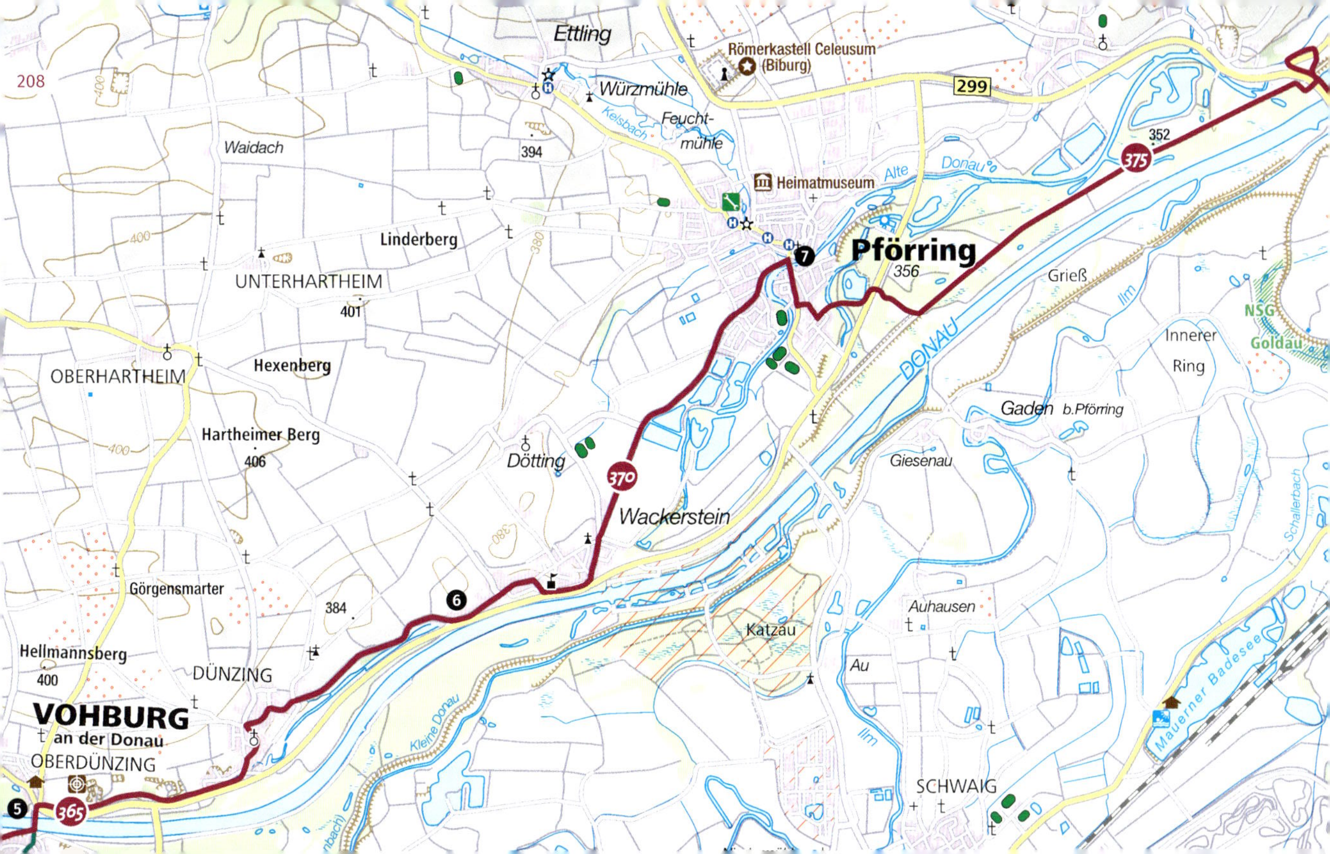

Ettling
Römerkastell Celeusum
(Biburg)
299
Würzmühle
Kelsbach
Feucht-
mühle
Waidach
394
Heimatmuseum
Alte
Donau
352
375
Linderberg
Pförring
356
Grieß
NSG
Goldau
Innerer
Ring
UNTERHARTHEIM
401
DONAU
Ilm
OBERHARTHEIM
Hexenberg
Gaden b.Pförring
Hartheimer Berg
406
Dötting
370
Giesenau
Wackerstein
Schallerbach
Görgensmarter
6
384
Auhausen
Katzau
Hellmannsberg
400
DÜNZING
Au
VOHBURG
an der Donau
Kleine Donau
Mauerner Badesee
OBERDÜNZING
SCHWAIG
5
365
7

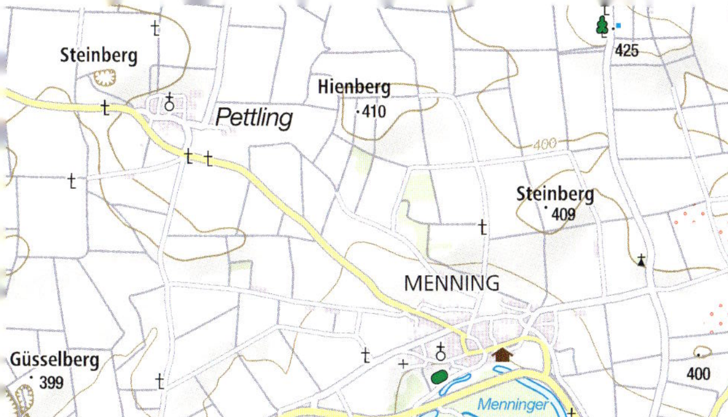

5 Donaubrücke in Vohburg → auf Radweg an Brücke Donau queren zur B16a → B16a queren dann rechts auf Radweg → entlang Schützenstraße nach Dünzing → am Weiher geradeaus in Dorfstraße → auf Dorfstraße durch Dünzing → Dünzing verlassen auf Dünzinger Straße Richtung Wackerstein →

6 an Einmündung links auf Vohburger Straße bis Schloßschänke in Wackerstein → rechts halten und an Schlosskapelle links → dem Weg vor der St2232 folgen dann links auf Vohburger Straße → an der Straßengabelung geradeaus nach Pförring → in Pförring auf Ingolstädter Straße zur Donaustraße →

7 Straße queren und rechts über Brücke → auf Donaustraße bis Geisgries → links einbiegen und Geisgries nach links folgen → an St2232 Straße queren und geradeaus → am Querweg links → Straßenbrücke unterfahren → links zur KEH4 → gegenüber auf Radweg links bis Einmündung Am Eichelberg → Straßenseite der KEH4 wechseln und auf Radweg entlang B299 über Donau → geradeaus bis Donaustraße in Wöhr →

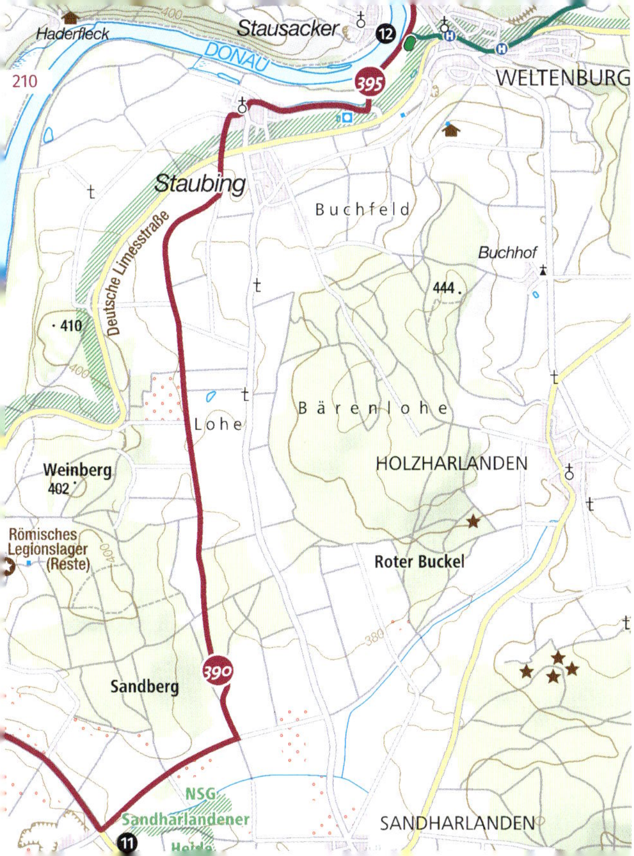

8 links und auf Radweg bis Kreisverkehr in Neustadt a.d. Donau → Kreisverkehr links auf Bad-Gögginger-Straße bis Wertstoffhof → ab Zufahrt auf Radweg entlang der St2233 nach Bad Gögging → an Neustädter Straße entlang bis Am Gries →

9 auf Römerstraße bis Trajanstraße → Straßenseite wechseln und auf Radweg entlang der Römerstraße nach Sittling → vor Kirche St. Ulrich links dann rechts halten → am Ortsende dem Weg links über die Abens-Brücke →

10 rechts der Abens entlang nach Eining →

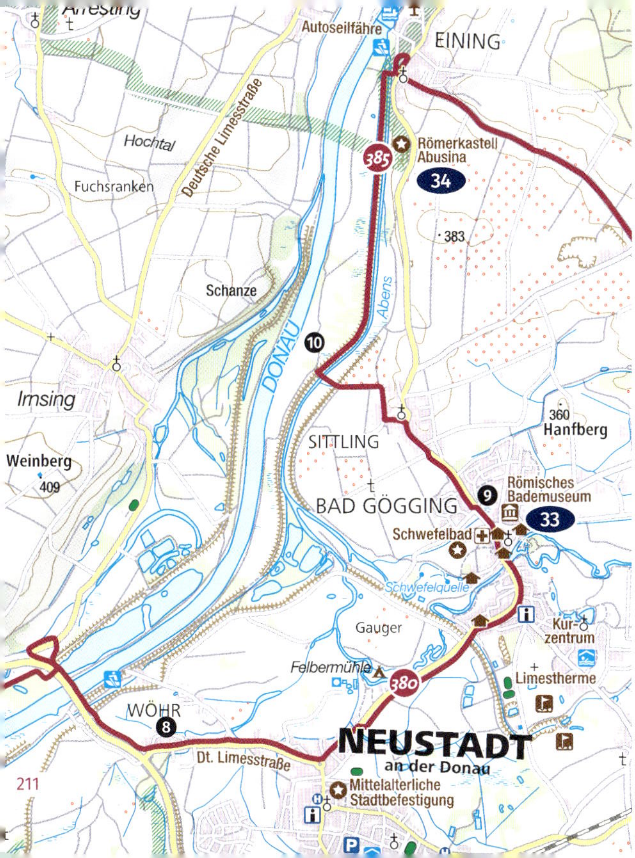

EINING
Autoseilfähre
Römerkastell Abusina
385
34
383
Hochtal
Fuchsranken
Deutsche Limesstraße
Schanze
DONAU
Abens
10
Imsing
Weinberg
409
SITTLING
360
Hanfberg
BAD GÖGGING
9
Römisches Bademuseum
33
Schwefelbad
Schwefelquelle
Gauger
Kur-zentrum
Limestherme
Felbermühle
380
WÖHR
8
NEUSTADT
an der Donau
Dt. Limesstraße
Mittelalterliche Stadtbefestigung

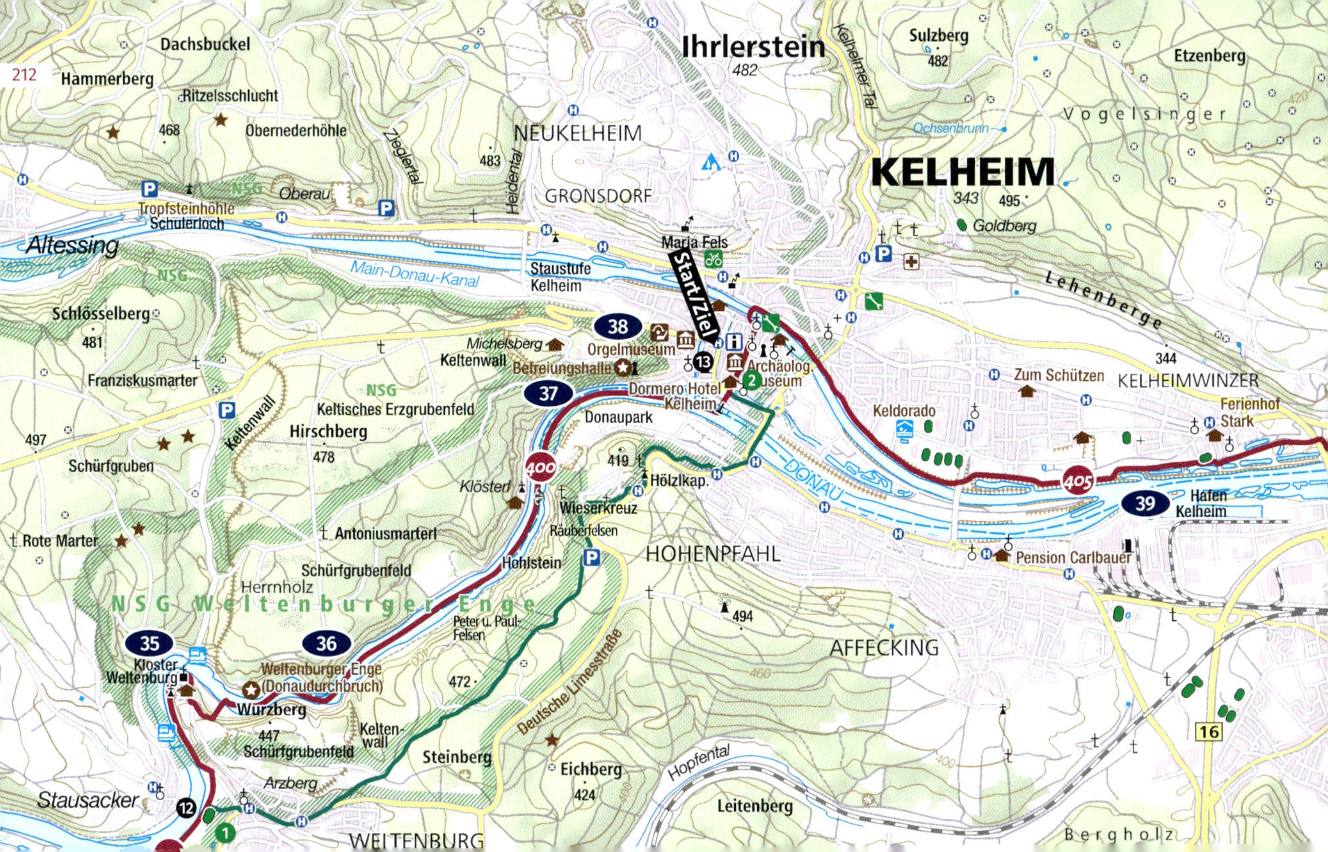

Dachsbuckel
Hammerberg
Ritzelsschlucht
468
Obernederhöhle
Zieglertal
483
Heidental
NEUKELHEIM
Ihrlerstein
482
Kelheimer Tal
Sulzberg
482
Etzenberg
Vogelsinger
Ochsenbrunn
KELHEIM
343
495
Goldberg
GRONSDORF
NSG
Oberau
Tropfsteinhöhle
Schulerloch
Altessing
Main-Donau-Kanal
Staustufe
Kelheim
Maria Fels
Start/Ziel
Lehenberge
NSG
Schlösselberg
481
38
Orgelmuseum
Michelsberg
Keltenwall
Befreiungshalle
13
Archäolog.
Museum
2
Dormero Hotel
Kelheim
344
KELHEIMWINZER
Zum Schützen
Ferienhof
Stark
Keldorado
Franziskusmarter
NSG
Keltisches Erzgrubenfeld
37
Donaupark
497
Keltenwall
Hirschberg
478
Schürfgruben
400
419
Hölzlkap.
Klösterl
Wieserkreuz
Räuberfelsen
DONAU
405
39
Hafen
Kelheim
Rote Marter
Antoniusmarterl
Hohlstein
HOHENPFAHL
Pension Carlbauer
Schürfgrubenfeld
Herrnholz
NSG Weltenburger Enge
Peter u. Paul-
Felsen
494
35
36
Kloster
Weltenburg
Weltenburger Enge
(Donaudurchbruch)
472
Deutsche Limesstraße
AFFECKING
Würzberg
447
Schürfgrubenfeld
Kelten-
wall
Steinberg
Eichberg
424
Hopfental
Leitenberg
16
Stausacker
12
Arzberg
1
WEITENBURG
Bergholz

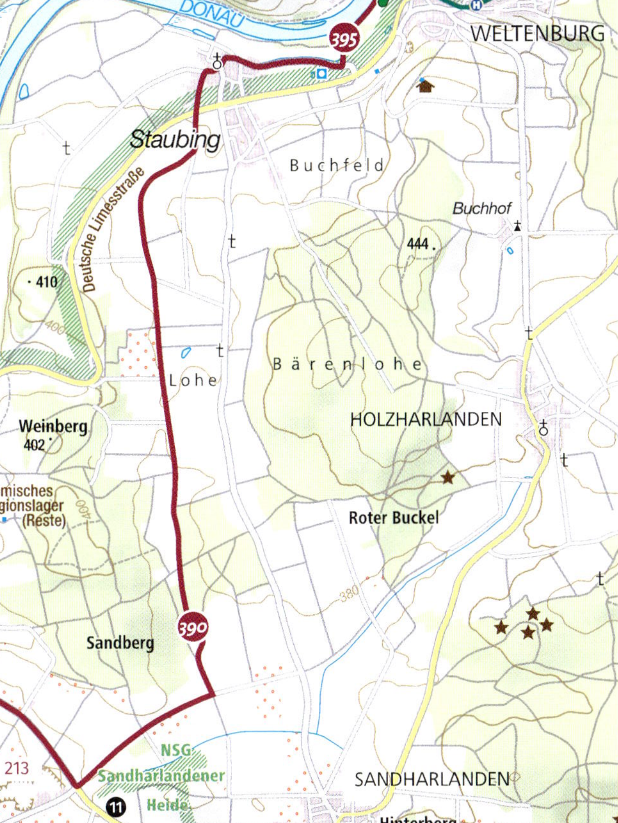

10 rechts der Abens entlang nach Eining → bei Eining nochmals die Abens queren → in Zur Abensmündung links halten zu Abusinastraße → rechts bis zur Pfarrer-Krottenthaler-Straße (geradeaus zum Römerkastell Abusina) → an Kirche St. Sebastian links einbiegen → am Ortsende auf Radweg entlang KEH7 bis Ziegelei →

11 links und dem Weg folgen → dem asphaltierten Weg nach links bergauf folgen Richtung Staubing → an St2233 Straße unterfahren → in Eininger Straße zur Kirche St. Stephan → links in Ortsring dann geradeaus in Am Krautgarten → am Abzweig links zur Donau dann rechts nach Weltenburg an den Sportplätzen vorbei zum Parkplatz Kloster Weltenburg →

1 nach den Sportplätzen rechts zur Asamstraße → rechts zur Pater-Josef-Straße dann links → bei Arzbergstraße Straßenseite wechseln → rechts in Arzbergstraße nach Arzberg → geradeaus über Eichberg an St2233 → am Parkplatz links zum Parkplatz Waldfriedhof → über den Parkplatz auf Weg entlang St2233 zur Alfons-Simonius-Straße → ihr folgen zur Weltenburger Straße → links auf Radweg zum Kreisverkehr und über Donau → Brücke nach rechts verlassen zur Bahnhofstraße → links Straßenbrücke unterfahren → geradeaus bis Donaustraße →

2 rechts in Altstadt zum Rathaus. Ziel Kapitel 7.

12 links vorbei zur Asamstraße → links zum Kloster und Schiffsanlegestelle → mit Schiff durch Donaudurchbruch nach Kelheim →

13 ab Schiffsanlegestelle über Parkplatz in die Altstadt zum Rathaus.
→Ziel Kapitel 7.

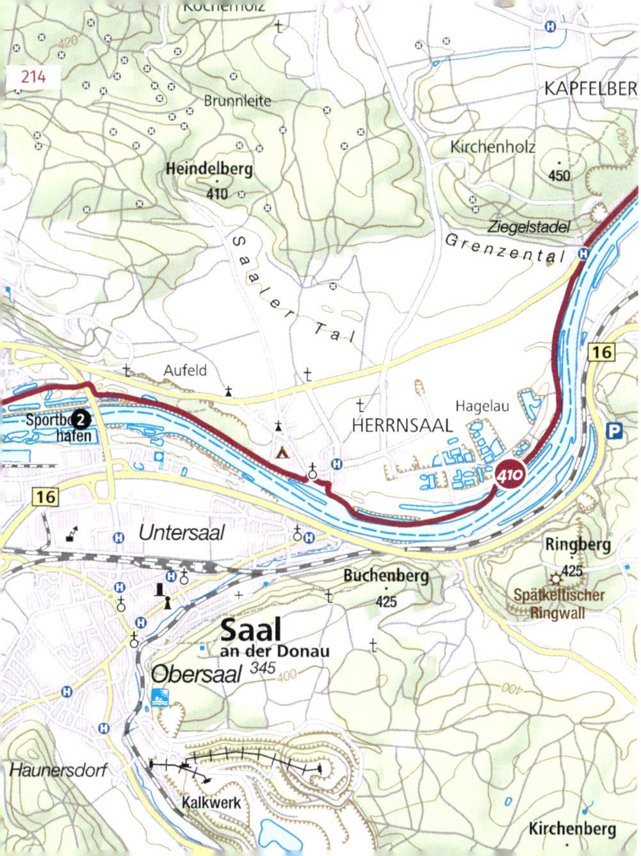

Kochenholz
Brunnleite
Heindelberg
410
Kirchenholz
450
KAPFELBER
Ziegelstadel
Grenzental
Saaler Tal
Aufeld
Hagelau
HERRNSAAL
Sportbo 2 hafen
410
16
16
Untersaal
Ringberg
425
Spätkeltischer Ringwall
Buchenberg
425
Saal
an der Donau
Obersaal 345
Haunersdorf
Kalkwerk
Kirchenberg

Start

❶ Start am Rathaus Kelheim → auf Altmühlstraße zur Altmühl → links über Fußgängerbrücke zur Friedhofstraße → rechts dem Radweg entlang Friedhofstraße folgen → Straßenbrücke unterfahren → weiter auf Radweg an Sportzentrum Kelheim → Brücke unterfahren und rechts halten → weiter auf Radweg nach Kelheimwinzer → am Fuballplatz geradeaus (nicht in Siedlung) → Straßenbrücke unterfahren →

❷ rechts zur Donau, dann links nach Herrnsaal → vor Kirche rechts in Stiftstraße → rechts hinunter zur Donau → Donauradweg folgen Richtung Kapfelberg → an KEH15 auf Straße bis hinter Sportanlage → rechts auf Am Yachthafen zum Campingplatz und Yachthafen → Straße heißt jetzt Kanalstraße bis Poikam →

KELHEIM
Ihrlerstein
482
Sulzberg
482
Etzenberg
Dachsbuckel
Hammerberg
Ritzelsschlucht
468
Obernederhöhle
Zieglertal
483
Heidental
NEUKELHEIM
GRONSDORF
Vogelsinger
Ochsenbrunn
Kelheimer Tal
343
495
Goldberg
Lehenberge
344
KELHEIMWINZER
Ferienhof Stark
Zum Schützen
Keldorado
Oberau
NSG
Tropfsteinhöhle Schulerloch
Altessing
Main-Donau-Kanal
Staustufe Kelheim
Maria Fels
Start/Ziel
Schlösselberg
481
Franziskusmarter
Keltenwall
Michelsberg
Orgelmuseum
Befreiungshalle
Archäolog. Museum
Dormero Hotel Kelheim
Donaupark
Keltisches Erzgrubenfeld
Hirschberg
478
497
Schürfgruben
Rote Marter
Antoniusmarterl
Klösterl
419
Hölzlkap.
Wieserkreuz
Räuberfelsen
Hohlstein
HOHENPFAHL
494
DONAU
Hafen Kelheim
Pension Carlbauer
Schürfgrubenfeld
Herrnholz
NSG Weltenburger Enge
Peter u. Paul-Felsen
472
Kloster Weltenburg
Weltenburger Enge (Donaudurchbruch)
Wurzberg
447
Schürfgrubenfeld
Kelten-wall
Steinberg
Arzberg
Deutsche Limesstraße
Eichberg
424
AFFECKING
460
Hopfental
Leitenberg
Bergholz
Stausacker
WELTENBURG
400
405
395
16

Kapitel 8: **Von Kelheim nach Donaustauf**

❸ vor Bahn in Am Yachthafen zum Waldweg → an Kreuzung rechts → Bahn unterfahren und geradeaus in Dorfstraße → an Kreuzung rechts in Zur Donaubrücke zur Brückenstraße → rechts über Donau → nach Brücke rechts zum Ufer und Brücke unterfahren → bei Erlermühle rechts zur B16 → links auf Radweg entlang der B16 →

❹ am Straßendurchlass nach Bad Abbach scharf rechts B16 unterfahren zur Kaiser-Karl-V.-Allee → links bis Am Markt → links durch Fußgängerzone zur Kaiser-Heinrich-II.-Straße → geradeaus und Straßenbrücke auf Oberndorfer Straße unterfahren → Fahrradstreifen links der Straße nutzen → vor Oberndorf links auf Weg entlang Donauufer zum Sportplatz und Donaustraße → links auf Weg parallel zur Straße → dann rechts halten zum Donauufer nach Matting →

❺ an der Fähre rechts zur Kirche → links auf An der Donau bis Sportanlage → links zur Donau dann rechts nach Unterirading → geradeaus am Ufer entlang (Weichslmühle rechts) → Autobahnbrücke unterfahren → zur Fähre Prüfening

Saxberg
Mattinger Hänge
Schwarzenfels
Ziegelbuckel
438
Dürrbuckel
448
Wald-spielplatz
425
5
Zunftstüberl
Fänderl Maria
Matting
Rosengarten
Hellerberg
460
Kunzwiestal
Graßlfing
Plaka
Iradinger Bach
Weinberg
433
Nieder-gebraching
Beim Schweinswirt
Straße der Kaiser u. Könige
16
Kreutfeld
451
Kühberg
Weinberg
457
Tiefental
Dachsberg
461
LOHSTADT
Berghammer
Oberndorf
Donaufeld
Galgenberg
Hochstetten
447
Kalkofen
420
Gundelshausen
Gundelshausen
Bad Abbach
40
338
Freizeitinsel
Inselbad (Naturerlebnisbad)
SCHULTERSDORF
396
Heimat-museum
Gemling
Lugerbach
Hotel Rathaus
Hotel Elisabeth
Abbach Schlossberg
Hängenberg
420
KAPFELBERG
Sportboothafen
Poikam
3
415
4
Streichelzoo
Schwefelqu.
Kaiser-Therme
Au
Fuchsloch
Kirchenholz
450
DONAU
Staustufe Bad Abbach
Eiermühle
Westernreiten
Weichs
Limmenberg
405
Peising
425
Mühlberg
Dantscher-mühle
16
Ziegelstadel
Abbacher Mühlbach
Alkofen Siedlung
Abbach
Deutsche Limesstraße
Lengfeld
Steinballe
217
zental

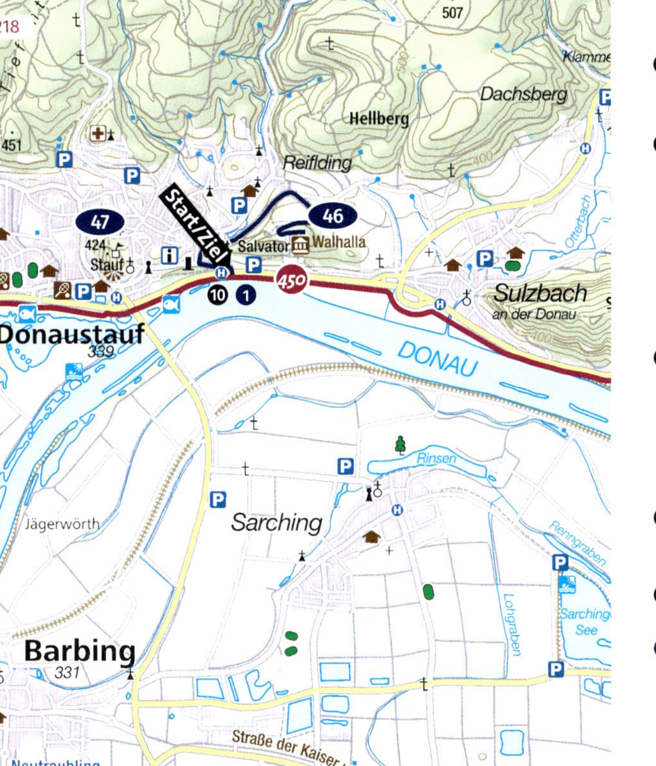

6 weiter am Ufer nach Regensburg → Bahnbrücke unterfahren (Mündung der Naab) → unterhalb Donaupark entlang → Autobahnbrücke unterfahren zum Pfaffensteiner Wehr →

7 am Ufer entlang am Herzogpark vorbei → rechts in Holzländestraße zum Eisernen Steg → geradeaus auf Keplerstraße zu Steinerne Brücke an Brückstraße → geradeaus auf Thundorferstraße (am Ufer Donauschifffahrtsmuseum) zu Eiserne Brücke → links über Donau bis Wöhrdstraße → links und geradeaus in Proskestraße über Grieser Steg → Andreasstraße links folgen → hinter Kirche rechts über Protzenweiherstraße und Brücke bis St2660 Frankenstraße →

8 rechts auf Radweg über die Regen bis Holzgartenstraße → rechts einbiegen bis Bedelgasse → am Wendehammer links und Straßenbrücke unterfahren → in Johannisstraße zur Gärtnerstraße → links zur Kreuzung dann rechts auf Schwabelweiser Weg → an Kurve links gleich rechts weiter auf Schwabelweiser Weg → (links Donauarena und Sportpark Schwabelweis) →

9 weiter am Ufer entlang zum Wertstoffhof Tegernheim → auf dem Hochwasserdamm nach Donaustauf → an der St2125 entlang → Straßenbrücke unterfahren → weiter bis Einmündung →

10 auf St2125 → Ziel Kapitel 8.

1 Abstecher zur Walhalla. Links durch Unterführung der St2125 → auf Radweg links der Wörther Straße folgen → rechts Straße queren und Walhallastraße aufwärts folgen (rechts Wallfahrtskirche St. Salvator) → Rückfahrt wie Hinfahrt.

REGENSBURG
341
Lappersdorf
340
WUTZLHOFEN
NSG Brandlberg
KONRAD-SIEDLUNG
BRANDLBERG
Kalkwerk
GALLING-
KOFEN
Aberdeen-park
SALLERN
Sandberg
Gewald
Schwerdner-mühle
Kareth
Kletterzentrum Regensburg
Regensburg-Nord
Regen
Tremmelhausen
Rehtal
Aichahof
Kühbuckel
446
KAGER
NIEDERWINZER
Regensburg-Pfaffenstein
PFAFFEN-STEIN
STEINWEG
REIN-HAUSEN
WEICHS
OBERWINZER
DONAU
Kneiting
Staustufe Regensburg
STADTAMHOF
Schierstadt
Unterer Wöhrd
Regensburg-West
Donau-park
Oberer Wöhrd
Sport-boothafen
Steinerne Brücke
Schiffahrtsmus.
Brückturm
Museum
Dom
Werft
Postmuseum
West-
Osthafen
Hüpberg
388
Mariaort
PRÜFENING
Naturkm. Ostbayern
KOG
Kreuzschänke
Kepler-Ged.-Hs.
Dicker Mann
Herzog am Dom
Histor. Mus.
Schl. Thurn u. Taxis
Hbf.
Wallfahrtskirche Mariaort
Brazil
Regensburg-Prüfening
Dörnberg Quartier
GROSS-PRÜFENING
Goldener Hirsch
Prüfeninger Schlossg.
KÖNIGS-WIESEN
KUMPF-MÜHL
Wiendl
DECH-BETTEN
R.-Königswiesen
Sparlberg
401
höhe
Brückelgraben
16
15
93
38
39
40
41
42
435
440
6
7
8
9
43
41
42
44
45

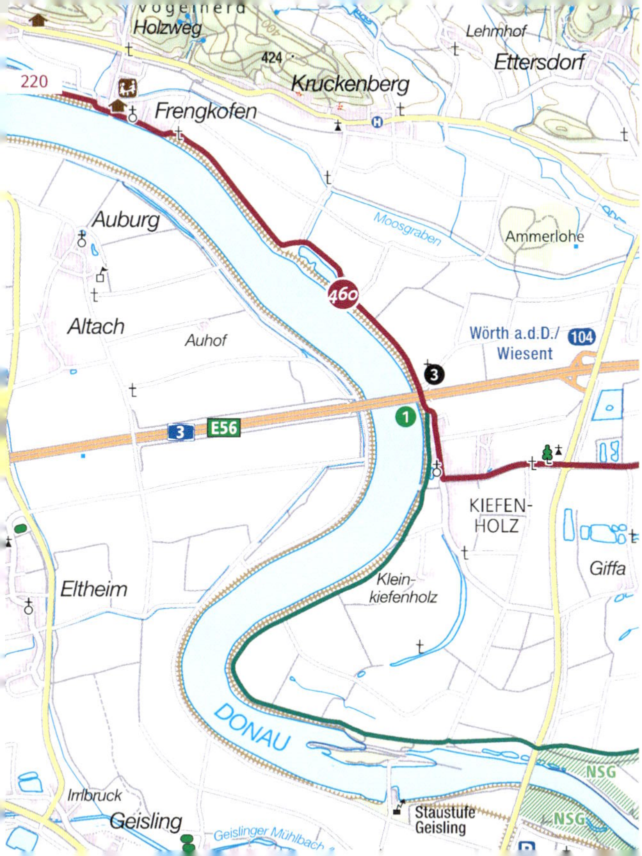

Start

❶ Start an Abfahrt St2125 Donaustauf-Ost → an den Anlegestellen der Walhalla Schifffahrt vorbei → auf Radweg entlang ST2125 nach Sulzbach → Anschlussstelle umfahren weiter bis Einmündung →

❷ rechts zum Ufer nach Demling → Demling am Donauufer umfahren → Bach a.d. Donau links liegen lassen → In Frengkofen auf Donaustraße geradeaus → Donaualtwasser umfahren → nach Kiefenholz →

❸ nach der Autobahnbrücke links halten → an Kirche links zum Kreisverkehr → geradeaus auf Radweg entlang R7 bis hinter Teich → links auf Weg dann rechts halten →

Dachsberg
507
Hammerberg
479
Thiergarten
Tiefental
Klammer
Dachsberg
Hammermühle
Jagdschloss Thiergarten
Noppenbach
Pfarrbach
Hellberg
451
Reifilding
Start/Ziel
47
46
1
424
Stauf
St. Salvator
Walhalla
450
Otterbach
Adlersbach
477
Schmucksteinbergwerk
Sturmmühle
Am Schlag
Sulzbach
an der Donau
Scheuchenberg
Kittenrain
Donaustauf
339
DONAU
2
502
Scheibelberg
Bach
a.d.Donau
334
433
Baierwein Museum
Neudemling
Rinsen
Demling
Plankenwörth
Jägerwörth
Sarching
Renngraben
455
Illkofen
Lohgraben
Sarchinger See
Friesheim
Barbing
331
Auburg
Kleine Platte
Straße der Kaiser u. Könige
Altach
Neutraubling
102
Große Platte
Unterheising

1 Alternativroute entlang der Donau. nach der Autobahnbrücke rechts an Donauufer → Weg folgen zur Schleuse Geisling → geradeaus Straßenbrücke unterfahren → an Weg links Richtung
2 Wörth a.d. Donau → an Einmündung rechts → weiter auf Hauptroute →

4 R7 queren am Bach entlang Oberachdorf umfahren →

1 Abstecher zum Schloss Wörth. Am Abzweig nach Wörth links über die Autobahn → dem Auweg zur St2125 folgen → links St2125 folgen bis Rathaus → Schloss Wörth rechts oben. Rückweg wie Hinweg.

Am Abzweig Wörth a.d. Donau geradeaus → Weg nach links an Autobahn → rechts an Autobahn entlang bis Straße nach Hofdorf →
5 Straße queren und rechts halten → an Einmündung links zur St2125 → Straße queren dann rechts gleich auf Weg links → geradeaus zur Straße Pondorf/Pillnach → rechts nach Pondorf → in Pondorf an der Kurve geradeaus in Donaugasse zur Donau → links der Donau folgen
6 → Weg bis Abzweig Pichsee folgen →

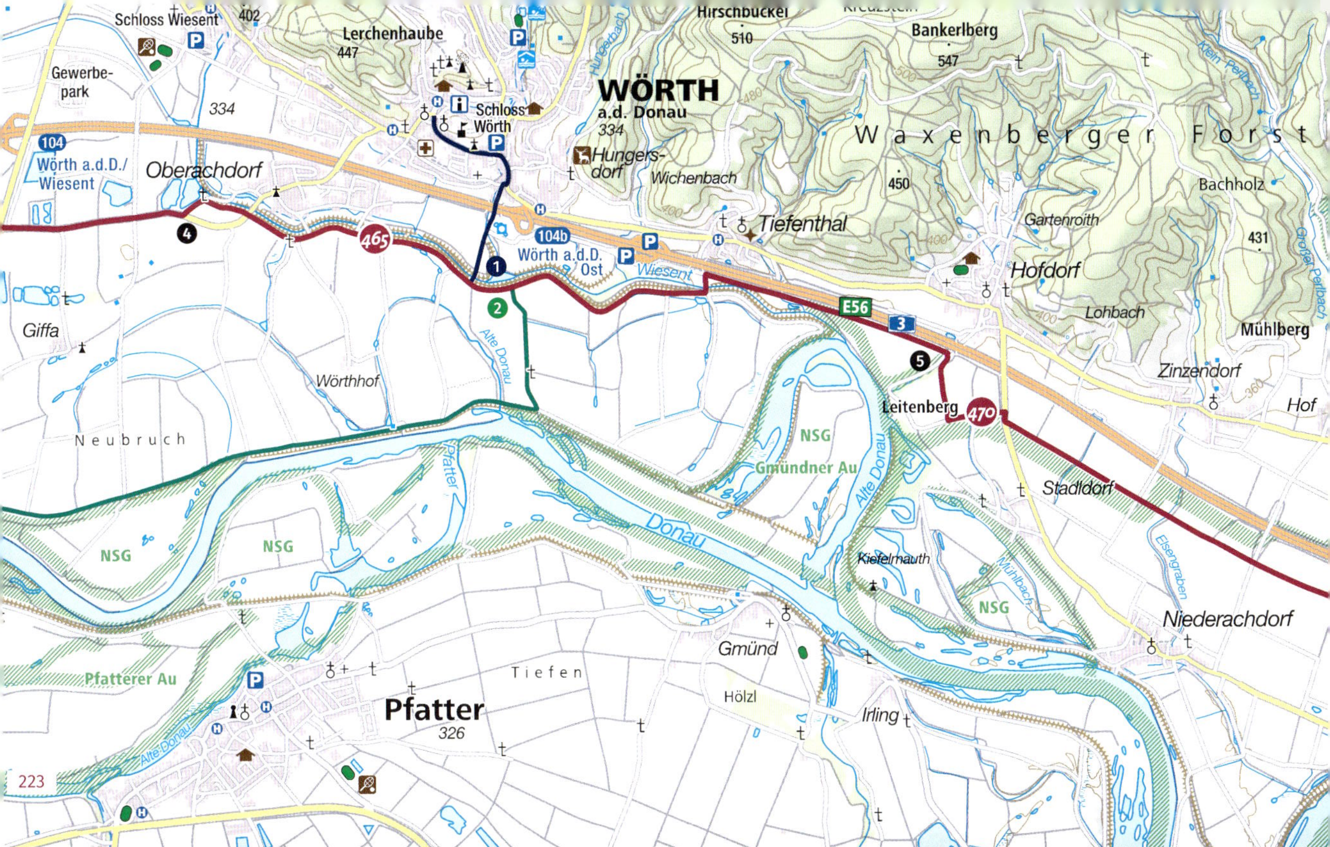

Schloss Wiesent
402
Lerchenhaube
447
Hirschbuckel
510
Bankerlberg
547
Gewerbe-park
334
WÖRTH
a.d. Donau
334
Schloss Wörth
Hungersbach
Hungers-dorf
Wichenbach
Waxenberger Forst
Klein Perlbach
Großer Perlbach
Bachholz
431
450
Gartenroith
104
Wörth a.d.D./ Wiesent
Oberachdorf
Tiefenthal
Hofdorf
Lohbach
Mühlberg
Zinzendorf
Hof
104b
Wörth a.d.D. Ost
Wiesent
E56
3
465
470
Leitenberg
Giffa
Alte Donau
Wörthhof
Neubruch
Pfatter
NSG
Gmündner Au
Donau
Stadldorf
Kiefelmauth
Mühlbach
Elsengraben
Niederachdorf
Gmünd
Hölzl
Irling
Tiefen
Pfatterer Au
Pfatter
326

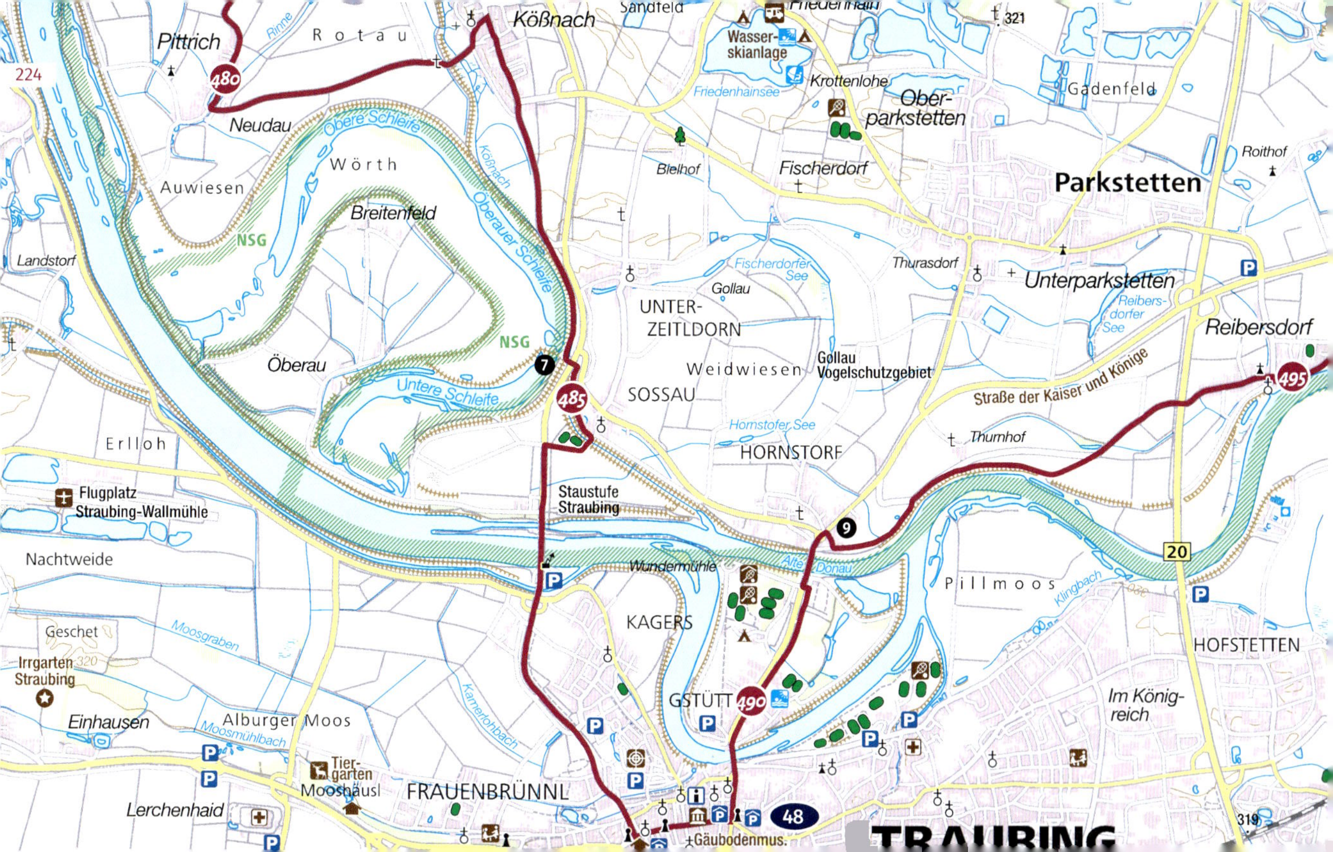

Pittrich
480
Rotau
Rinne
Kößnach
Sandfeld
Wasser-skianlage
Friedenhain
Krottenlohe
Friedenhainsee
Ober-parkstetten
Gadenfeld
321
Roithof
Parkstetten
Neudau
Obere Schleife
Wörth
Auwiesen
NSG
Breitenfeld
Kößnach
Öberauer Schleife
Bielhof
Fischerdorf
Thurasdorf
Unterparkstetten
Reibers-dorfer See
Reibersdorf
Landstorf
Fischerdorfer See
Gollau
UNTER-ZEITLDORN
Öberau
7
Weidwiesen
Gollau Vogelschutzgebiet
495
Straße der Kaiser und Könige
Untere Schleife
485
SOSSAU
Hornstofer See
HORNSTORF
Thurnhof
Erlloh
Flugplatz Straubing-Wallmühle
Staustufe Straubing
9
20
Nachtweide
Wundermühle
Alte Donau
Pillmoos
Klingbach
KAGERS
HOFSTETTEN
Geschet
Moosgraben
Irrgarten Straubing
320
Kamerlohbach
GSTÜTT
490
Im König-reich
Einhausen
Alburger Moos
Moosmühlbach
Tier-garten
Mooshäusl
FRAUENBRÜNNL
Lerchenhaid
48
Gäubodenmus.
319

❻ dahinter links nach Pittrich → durch den Ort bis Abzweig links über Brücke Neudau → geradeaus nach Kößnach → in Wirtsgasse zur Straubinger Straße → rechts der Straße folgen → in der Kurve geradeaus auf Radweg entlang der St2125 →

❼ an Einmündung nach Sossau Straße unterfahren → an der Brücke rechts entlang der Sportanlage zur Straße → links auf Radweg entlang der Straße über Donau → weiter entlang der Straße bis Stadttheater und Pulverturm → geradeaus bis Theresienplatz →

❽ links durch Fußgängerzone bis Ludwigsplatz → an Kreuzung Straße queren → links auf Radweg entlang Stadtgraben zur Donau → über Schlossbrücke entlang Chamer Straße zu Kleingartenanlage → am Parkplatz links, dann hoch zur Brücke über Donau →

❾ am Kreisverkehr in Hornstorf rechts in Ziererstraße → Ziererstraße rechts folgen dann links → dem Donauradweg folgen nach Reibersdorf → B20 unterfahren zur Richprechtstraße → an Einmündung rechts in Donaustraße → dann rechts halten → Donauradweg folgen über Kinsach-Brücke bis Tennisanlage vor Bogen → Weg links folgen → vor der Kinsach rechts zur Bahn →

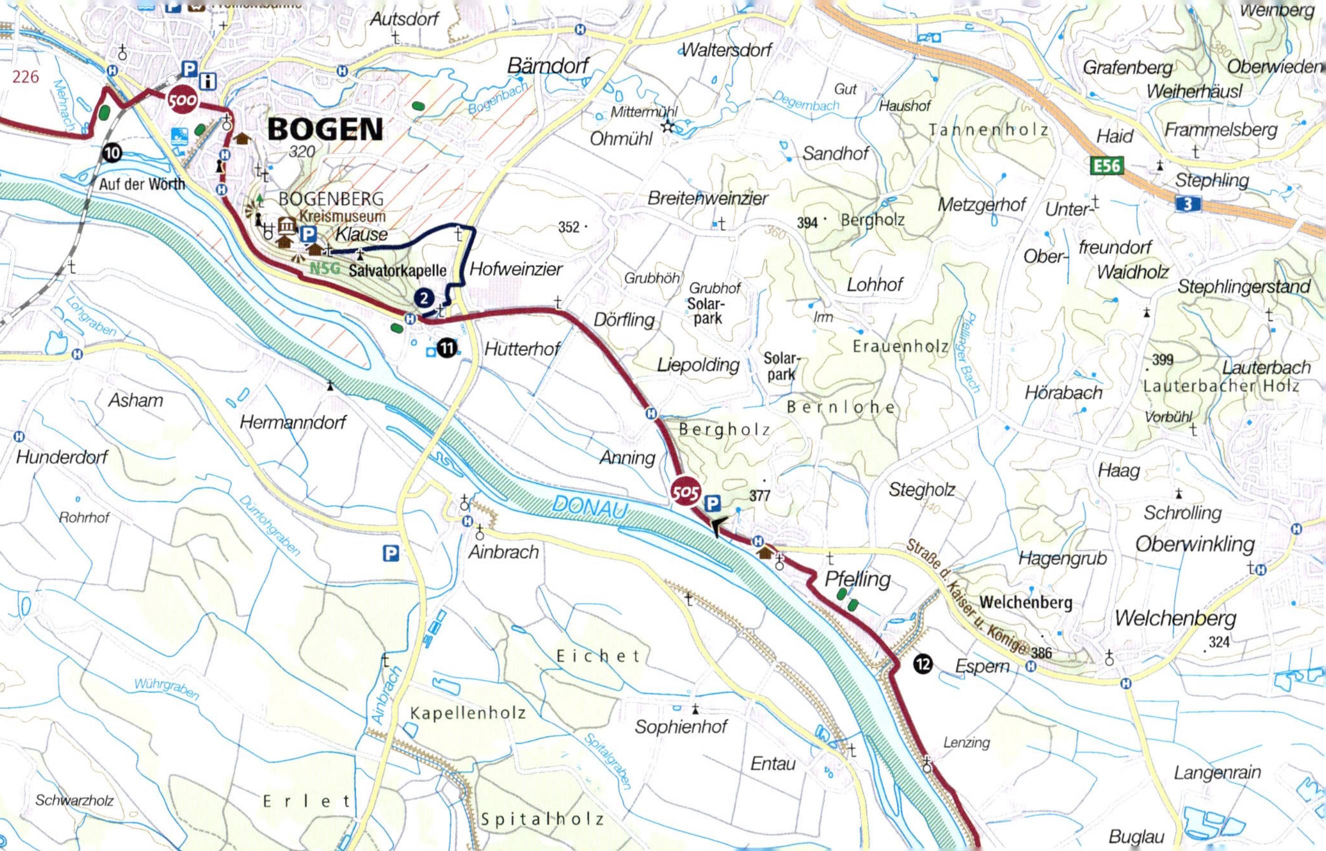
BOGEN
320
BOGENBERG
Kreismuseum
Klause
NSG
Salvatorkapelle
Auf der Wörth
Mehnach
Autsdorf
Bärndorf
Bogenbach
Waltersdorf
Gut
Haushof
Degernbach
Mittermühl
Ohmühl
Tannenholz
Grafenberg
Oberwieden
Weinberg
Weiherhäusl
Haid
Frammelsberg
E56
3
Stephling
Sandhof
Breitenweinzier
394
Bergholz
Metzgerhof
Unter-
Ober-
freundorf
Waidholz
Stephlingerstand
352
360
Hofweinzier
Grubhöh
Grubhof
Solar-
park
Lohhof
Irm
Dörfling
Hutterhof
Liepolding
Erauenholz
Pfellinger Bach
399
Lauterbach
Lauterbacher Holz
Hörabach
Bernlohe
Vorbühl
Bergholz
Asham
Hermanndorf
Hunderdorf
Anning
505
377
Stegholz
340
Haag
Schrolling
Oberwinkling
DONAU
Rohrhof
Dürrlohgraben
Ainbrach
Straße d. Kaiser u. Könige
Hagengrub
Pfelling
Welchenberg
Welchenberg
324
386
Espern
Lohgraben
Eichet
Wührgraben
Ainbrach
Kapellenholz
Sophienhof
Spitalgraben
Entau
Lenzing
Langenrain
Schwarzholz
Erlet
Spitalholz
Buglau
500
2
10
11
12

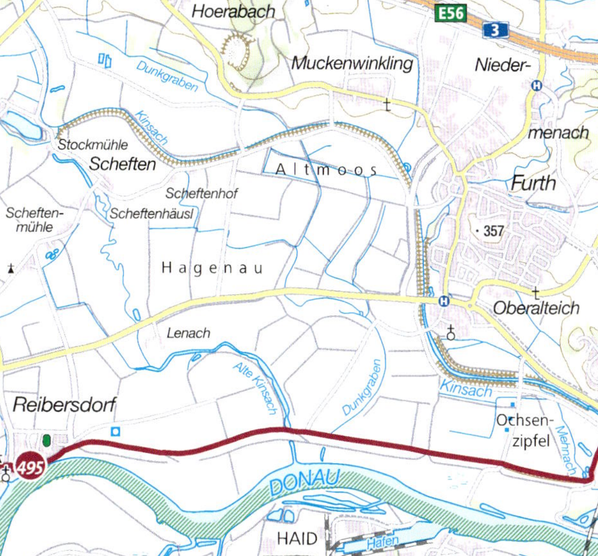

10 links auf Radweg über die Kinsach zum Bahnübergang → rechts in Bahnhofstraße zum Stadtplatz → rechts dem Stadtplatz folgen zum Rathaus → ab hier auf Deggendorfer Straße bis Einmündung an St2125 → vor Einmündung links in Deggendorfer Straße parallel zur St2125 → dann auf Radweg an St2125 zum Gewerbegebiet Hofweinzier →

2 Auf den Bogenberg. An Bushalt Hutterhof links Straße queren → an Kapelle St. Ulrich vorbei zur Straßenunterführung St2139 → Straße unterfahren gleich links → an Straßeneinmündung links über St2139 zum Bogenberger Weg → Weg zur Wallfahrtskirche Mariä Himmelfahrt folgen. Rückweg wie Hinweg.

11 Straßenbrücke unterfahren entlang der St2125 nach Pfelling → an Straßenkreuzung Straße queren, dann rechts Straße unterfahren → scharf rechts am Ortsrand zur Einmündung → rechts gleich links zur Sportanlage → geradeaus dann rechts an die Donau →

12 Straße folgen dann rechts auf Weg am Ufer nach Mariaposching → Kreuzung in Mariaposching rechts Fähre links Ortsmitte →

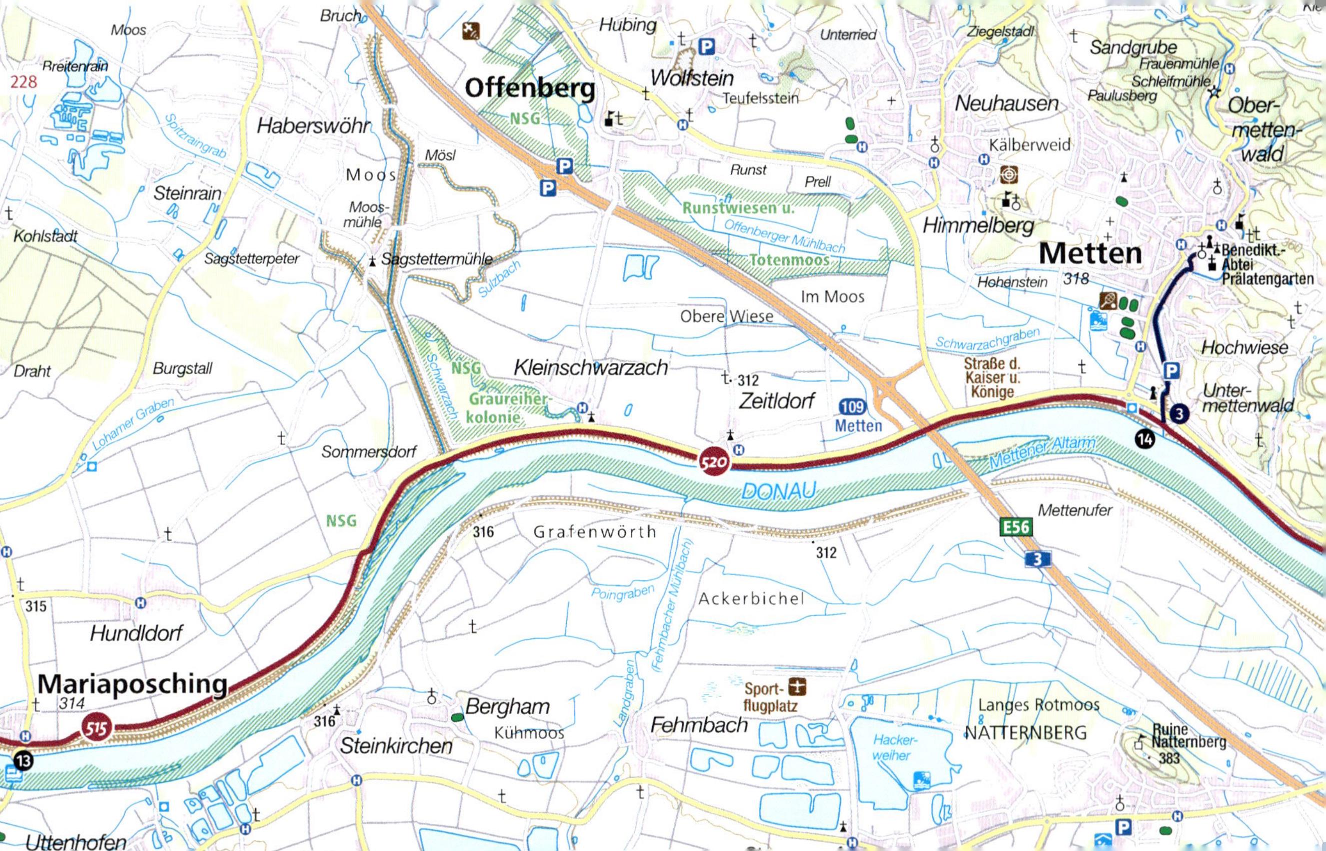
Moos
Bruch
Hubing
Unterried
Ziegelstadl
Sandgrube
Frauenmühle
Schleifmühle
Paulusberg
Ober-
metten-
wald
Breitenrain
Offenberg
Wolfstein
Teufelsstein
Neuhausen
NSG
Haberswöhr
Kälberweid
Mösl
Moos
Runst
Prell
Steinrain
Moos-
mühle
Runstwiesen u.
Offenberger Mühlbach
Totenmoos
Himmelberg
Metten
Benedikt.-
Abtei
Prälatengarten
Kohlstadt
Sagstetterpeter
Sagstettermühle
Sulzbach
Spitzraingrab
Hohenstein
318
Im Moos
Obere Wiese
Schwarzachgraben
Hochwiese
Schwarzach
NSG
Kleinschwarzach
312
Straße d.
Kaiser u.
Könige
Unter-
mettenwald
Draht
Burgstall
Graureiher-
kolonie
Zeitldorf
109
Metten
3
14
Lohamer Graben
Sommersdorf
520
Mettener Altarm
DONAU
NSG
Mettenufer
316
Grafenwörth
312
E56
3
315
Poingraben
(Fehmbacher Mühlbach)
Ackerbichel
Hundldorf
Mariaposching
314
Landgraben
Sport-
flugplatz
Langes Rotmoos
Bergham
515
316
Kühmoos
Fehmbach
NATTERNBERG
Ruine
Natternberg
383
13
Steinkirchen
Hacker-
weiher
Uttenhofen

⓭ geradeaus zur SR34 → rechts an Straße entlang nach Sommersdorf, Kleinschwarzach, Zeitldorf vorbei nach Metten → an der Ortszufahrt geradeaus über Kläranlage zur Brücke am Mettenbach →

❸ Hinter der Brücke links und Radweg folgen → dann links über die Brücke und gleich rechts → dem Radweg am Mettenbach folgen bis Kloster Metten. Rückweg wie Hinweg.

⓮ rechts halten zum Motorbootclub → geradeaus auf Radweg entlang St2125 → rechts zum Ufer Bahnbrücke unterfahren →über Bahnübergang zu Deichgärten → Straßenbrücke unterfahren → nach Technischer Hochschule Deggendorf links in Dieter-Görlitz-Platz →

⓯ geradeaus zur Kreuzung an Stadthalle Deggendorf → zur Altstadt über Kreuzung dann rechts in Veilchengasse zum Luitpoldplatz. → Ziel Kapitel 9.

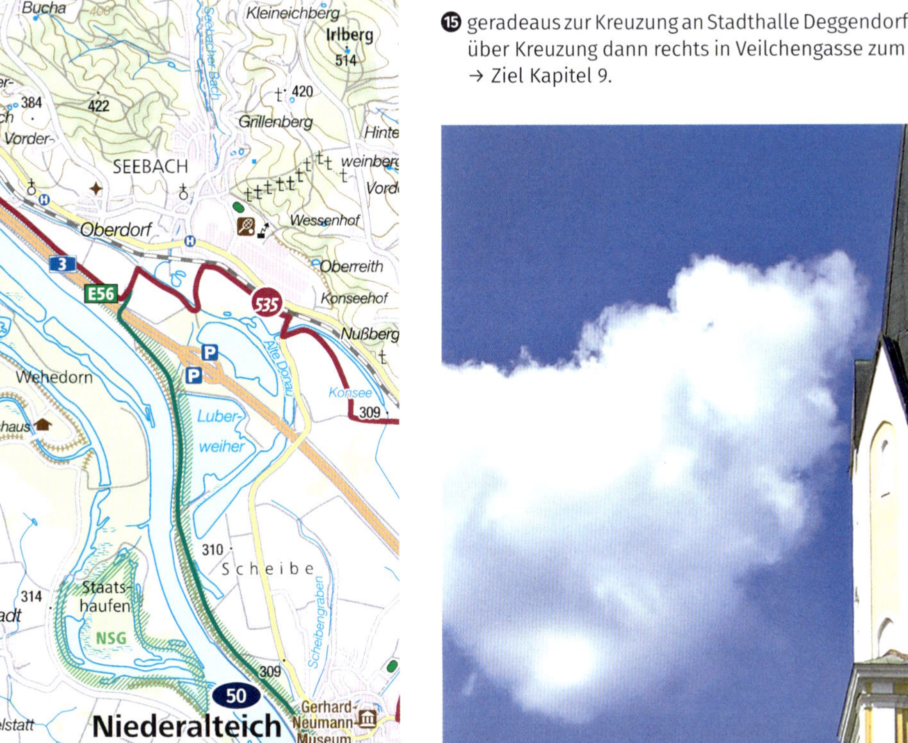

DEGGENDORF
Riedfeld
Uttobrunn
Bruckhof
315
Großwalding
Kohlberg
420
Schluttenhof
Aletsberg
Thannberg
Breinreut
Himmelreich
Schalterbach
Kobelsberg
Hirtzau 314
Scharrerholz
Hbf.
388
SCHACHING
525
49
29
11
Stadtmus.
Handwekmus.
Deggendorf-Mitte
15
Start/Ziel
Geiersberg
Fischerdorfer Altarm
DONAU
318
378
Heldenhain
Saubach
Deggendorf/Hafen
Goldberg
Steinriesl
Weinberg
FISCHERDORF
DEGGENAU
rimbsen-hof
Rosenrain
312
28
110
Kreuz Deggendorf
530
E56
92
3
Natternberger Mühlbach
314
Fischerdorfer Au
Freihfn. Deggendf.
gerhof
312
Alte Isar
AUGENOPTIK

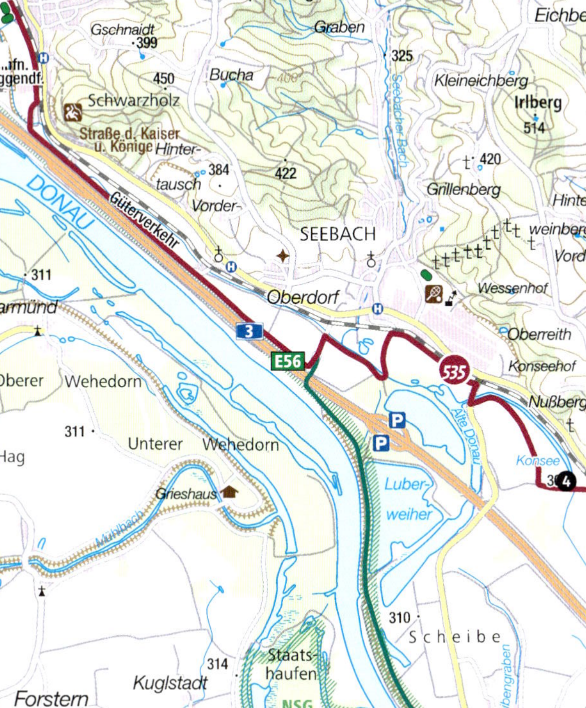

Start

❶ Start Luitpoldplatz Deggendorf → in Fußgängerzone an der Kirche St. Peter und Paul vorbei zum Michael-Fischer-Platz → geradeaus in Pferdemarkt zu Deggendorfer Torbogen bei Spitalkirche → weiter in Untere Vorstadt → links in Hengersberger Straße zur St2125 →

❷ Straßenseite wechseln → auf Fahrradstreifen links bis Deggenau → an Einmündung Deggenauer Straße rechts auf Radweg bis Bahnübergang → Straße queren und weiter auf Radweg → am Bahnübergang rechts gleich links → entlang der Bahn bis Bahnübergang → Weg geradeaus folgen → dann zweimal rechts vor die Autobahn (Isarmündung) →

❸ entlang der Autobahn bis Brücke über die AB → an Brücke links bis Kreuzung mit Weg → rechts zur Kläranlage → scharf links bis an Bahnübergang → rechts bis Straße am Bahnübergang → rechts auf Straße → nächster Abzweig links auf Weg → folgen und an Einmündung links →

❹ an Bahnübergang rechts → Weg folgen bis Straße → rechts nach Niederalteich → am Ortsanfang rechts zur Bachstraße → links zur Benediktinerabtei Niederalteich →

DEGGENDORF
Riedfeld
Uttobrunn
Kohlberg
Bruckhof
315
Großwalding
Thannberg
420
Schluttenhof
Aletsberg
Breinreut
Himmelreich
Schalterbach
11
Kobelsberg
Hirtzau 314
Scharrerholz
Hbf.
388
SCHACHING
525
49
29
Start/Ziel
Stadtmus.
Handwekmus.
Deggendorf-Mitte
Fischerdorfer Altarm
Geiersberg
378
DONAU
318
Saubach
Heldenhain
Deggendorf/Hafen
Goldberg
Steinriesl
Weinberg
FISCHERDORF
DEGGENAU
rimbsen-hof
Rosenrain
312
530
28
110
Kreuz Deggendorf
E56
92
3
Natternberger Mühlbach
314
Fischerdorfer Au
Freihfn. Deggendf.
gerhof
312
Alte Isar

1 Alternativroute rechtes Donauufer. Niederalteich Hengersberger Straße folgen → an Donaustraße links → auf ihr bis Fähre Thundorf → übersetzen und links nach Thundorf → vor Kirche links gleich erneut links zur Donau → weiter bis Aicha → vor Einmündung mit DEG21 links→ auf Radweg entlang DEG21 nach Mühlham → von DEG21 rechts auf Radweg über Bach → auf Radweg bis Donauwaldbrücke → rechts auf Brücke über Donau fahren nach Winzer → bei Aufeld rechts

2 und Straßenbrücke unterfahren → weiter auf Hauptroute. Links auf Hengersberger Straße zur Straßenbrücke über Hengersberger Ohe → rechts auf Weg entlang der Hengersberger Ohe → an Teiche bei Altenufer vorbei → rechts halten bis zur Kapellenstraße von Altenufer →

5 rechts auf Kapellenstraße gleich wieder rechts über Brücke → dann links halten entlang der Hengersberger Ohe → an Straße nach Winzer links → Straßenbrücke unterfahren →

6 links halten in Aufeld zur St2125 Passauer Straße in Winzer → rechts auf Passauer Straße durch Winzer →

7 ab Straße Donaulände rechts auf Radweg entlang St2125 nach Loh →

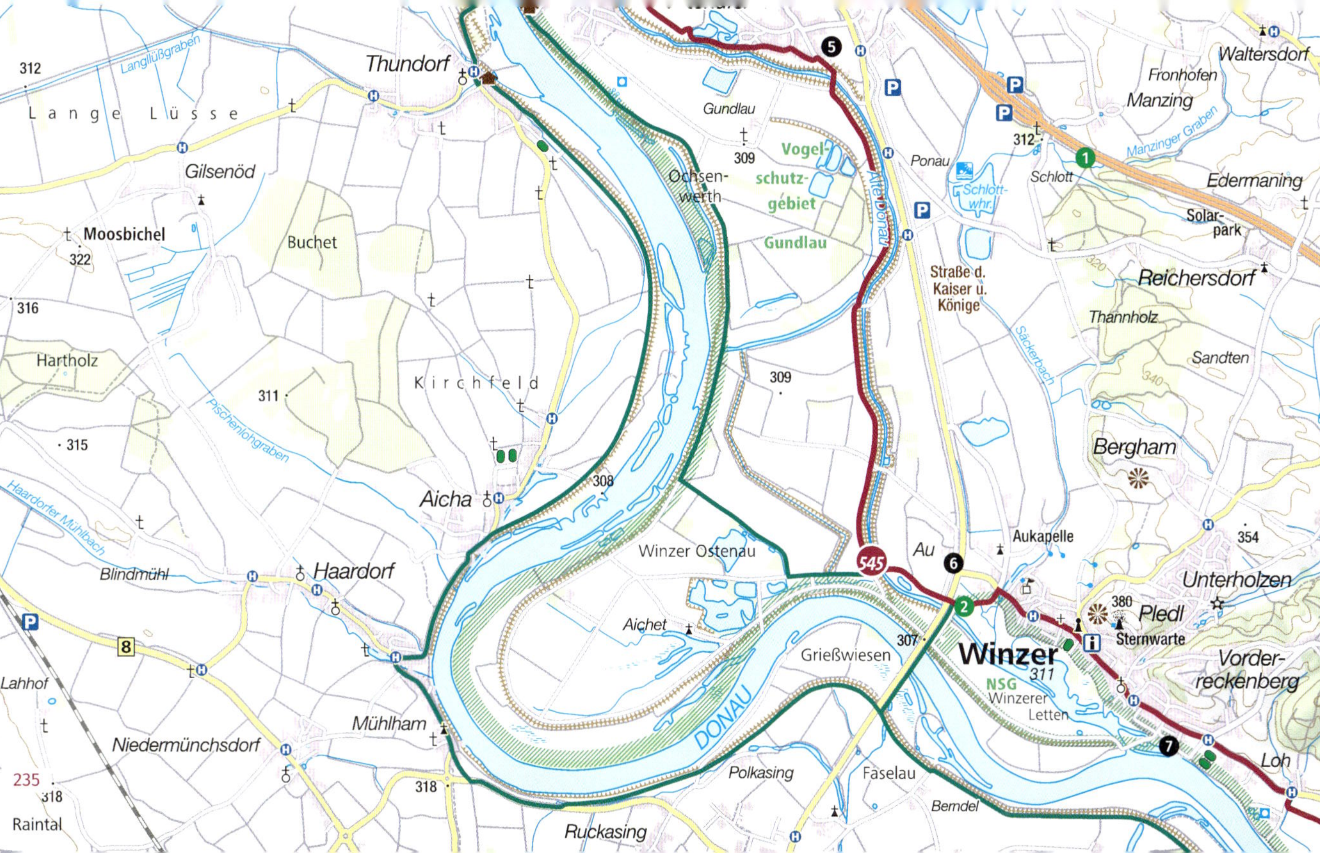
Thundorf
Lange Lüsse
Gilsenöd
Moosbichel
Buchet
Hartholz
Kirchfeld
Aicha
Haardorf
Blindmühl
Lahhof
Niedermünchsdorf
Mühlham
Raintal
Ruckasing
Polkasing
Faselau
Berndel
Grießwiesen
Aichet
Winzer Ostenau
DONAU
Gundlau
Ochsen-
werth
Vogel-
schutz-
gebiet
Gundlau
Alte Donau
Ponau
Schlott-
whr.
Schlott
Straße d.
Kaiser u.
Könige
Säckerbach
Au
Aukapelle
Winzer
NSG
Winzerer
Letten
Sternwarte
Pledl
Unterholzen
Vorder-
reckenberg
Loh
Bergham
Thannholz
Sandten
Reichersdorf
Solar-
park
Edermaning
Manzing
Fronhofen
Waltersdorf
Manzinger Graben
Langlüßgraben
Pischenlohgraben
Haardorfer Mühlbach
545
8
312
322
316
311
315
318
309
308
307
311
380
354
320
340

7 an Straße rechts → gleich links und geradeaus zur St2125 → rechts entlang nach Mitterndorf → rechts in Gries um Gries herum → geradeaus zum Sattlinger Weiher → links und am Parkplatz vorbei → am Abzweig rechts auf asphaltiertem Weg → an Straße Neßlbach geradeaus zur Brücke über Neßlbach → links gleich rechts an Donauufer →

8 weiter nach Hofkirchen zur Straße Donaulände → rechts einbiegen → geradeaus bis Marktplatz → links über Marktplatz Kirche Maria Himmelfahrt zu Vilshofener Straße → rechts auf Straße bis Krautpoint → Straßenseite wechseln → auf Radweg entlang der St2125 bis Abzweig Gewerbegebiet → rechts einbiegen → am Hof geradeaus dann links nach Unterschöllnach →

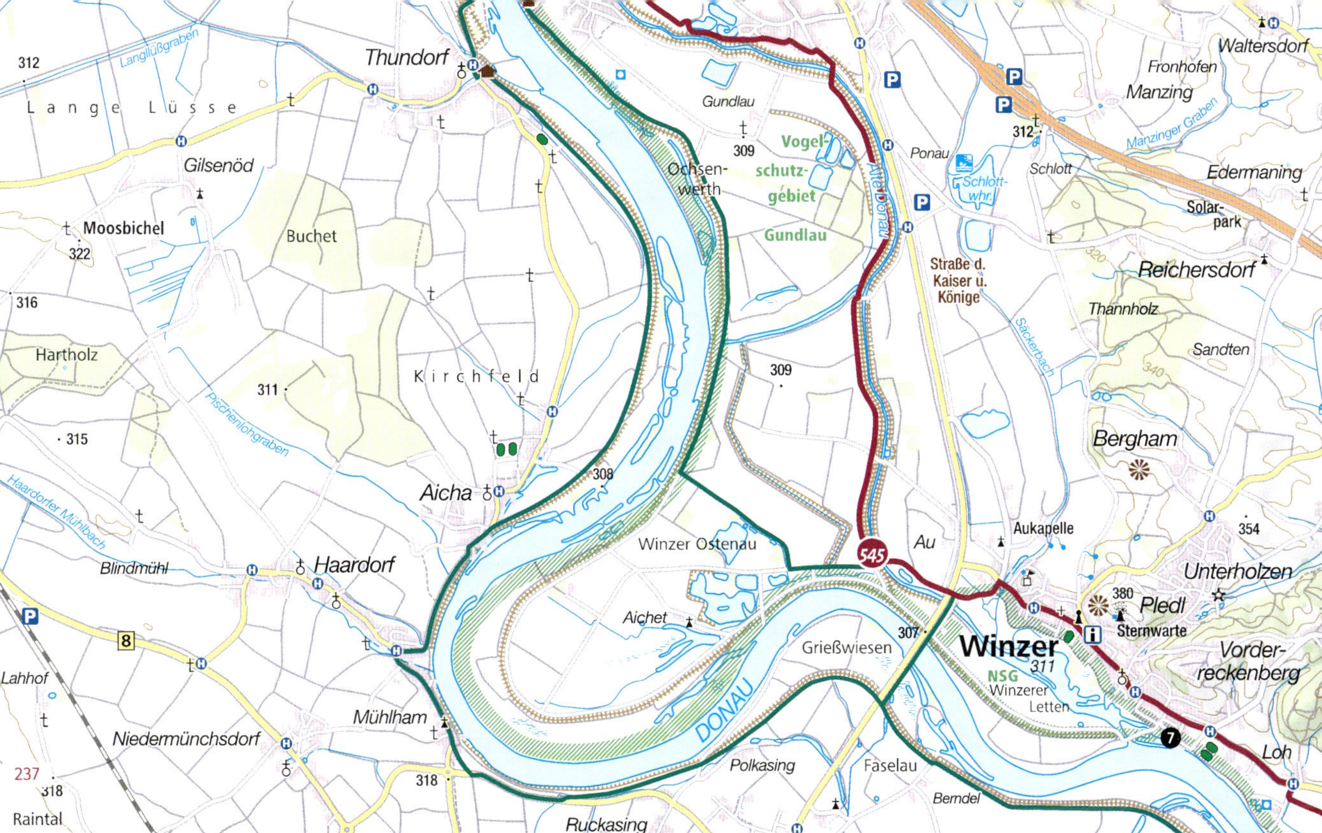

Thundorf
Lange Lüsse
Langlüßgraben
Gilsenöd
Moosbichel
Buchet
Hartholz
Kirchfeld
Pischenlohgraben
Haardorfer Mühlbach
Aicha
Blindmühl
Haardorf
Lahhof
Mühlham
Niedermünchsdorf
Raintal
Ruckasing
Polkasing
Faselau
Berndel
Gundlau
Ochsenwerth
Vogelschutzgebiet Gundlau
Alte Donau
Winzer Ostenau
Aichet
DONAU
Grießwiesen
Ponau
Schlott
Schlottwhr.
Straße d. Kaiser u. Könige
Säckerbach
Waltersdorf
Fronhofen
Manzing
Manzinger Graben
Edermaning
Solarpark
Reichersdorf
Thannholz
Sandten
Bergham
Au
Aukapelle
Unterholzen
Pledl
Sternwarte
Vorderreckenberg
Winzer
NSG Winzerer Letten
Loh
545
8
7
312
316
322
311
315
308
309
318
307
354
380
320
340

9 vor den Häusern rechts an das Donauufer → der Donau folgen → links hoch zur Bushaltestelle → weiter auf Radweg entlang St2125 → auf Radweg rechts zum Ufer halten bis Bootshafen Vilshofen →

1 zur Altstadt Vilshofen auf St2125, dann rechts auf Marienbrücke über Donau → B8 queren → geradeaus in Obere Vorstadt bis Stadtplatz → links einbiegen bis Kirche St. Johannes → Rückweg wie Hinweg →

10 an Bootshafen rechts entlang Brücke → Brücke unterfahren und am Flugplatz vorbei vor zur St2125 → an Einmündung rechts auf Radweg entlang St2125 nach Winkelhof → geradeaus am Ende der Landebahn rechts zum Ufer → an Hacklsdorf vorbei zur St2125 hoch → dann rechts auf Radweg entlang St2125 zu Seniorenzentrum →

11 am Parkplatz rechts an das Donauufer → links Ufer folgen zur Uferstraße → ihr links folgen zum Marktplatz →

Hofkirchen
Kraftwerk Pleinting
Umspannwerk
Ober-
-schöllnach
Unter-
Gelbersdorf
Anger
Fürstmühl
Wimmhof
Lerchberg
Kühbeckberg
Hachelberg
Moserholz
Eben
Hilgartsberg
Edt
Reutenbach
Niederndorf
Edlham
Solarpark
Reitern
Wiffling
Spitzholz
Tracking
Hof
Trackinger Mühle
Oberneustift
Unterneustift
Klinger
Henhart
Pirka
Stockinger
Phillippswart
Feldjackl
Berg
Dobl
Solla
Frauendorf
Albersdorf
Wimhof
Weidenhof
Schmalhof
Wimberg
Winklhof
Hirnschnell
Edhäus
Wimberger Bach
Wifflinger Bach
Edlgraben
DONAU
Wert
Straße d. Kaiser u. Könige
Reifziehberg
Pleinting
Kirchbach
Untertal
Loh
Haarbach
Reisach
Reisacher Graben
Unterbuch
Oberbuch
Daxlarn
Einöd
Hölzlöder Graben
Hochreit
Stingloh
Mühldorferöd
Wieshof
Holzöd
Haideröd
Hundsöd
Pfefferöd
Hördt
Unter-
Reit
Ober-
Pleckental
Schneideröd
Obertal
Falkenöd
Zeitlang
Blaimberg
Riegeröd
Birkenöd
Endfelden
Hartzeitlarn
Hennermais
Thannet
Altenöd
Achaueröd
Alkofen
Schullering
Schusteröd
Haißenöd
Prudrachöd
Grubòd
Eben
Böcklbach
Schweiklberg
Angerbach
305
309
307
365
367
304
306
439
424
440
441
434
420
444
401
430
389
351
323
372
321
324
337
411
443
349
430
555
560
9
10
1
8
51
P
i

DONAU
570
575
Seestetten
Klinghof
Straße d. Kaiser u. Könige
Donauleite
Seilfähre
Deichselberg
Deichselbergbach
Otters-
kirchen
Ratzing
Sandbach
Besensandbach
Fisching
Edhof
Ried
Doblhof
Doblmühle
Aigenberg
Antholling
Hitzing
Kreiling
Neuhofen
Seidlmühle
Stöttinger Bach
Höbersdorf
Scheuereck
Ratzenleithen
Lemberg
Holzing
Stampfing
Wimm
Kißling
Weberreut
Lengfelden
Gaishofen
Streicherberg
Kronreut
Gablöd
Irring
SCHALDING
links der Donau
Brauchsdorf
Buch
Hofstetten
Ort
Reut
Hörmannsberg
Vollerding
Gerlesberg
Niedernhart
Passau-
Nord
115
3
E56
Gaißa
Wimm
Reut
Hochreut
Haid
Setzenbach
Eben
Wieshäusl
Großhochleiten
Laufenbach
Sandbach
Reisach
Hilgen
Reiserleite
Gaisbruck
Giglmörn
Strenn
Buchen
Streumühle
Eckmair
Greil
Hieblmühle
Mahd
Kalkberg
Görg
Sigl
Vogellipp
Primsdobl
Einöd
Wörth
rechts der Donau
SCHALDING
rechts der Donau
Schafhof
Königschalding
Raststätte
Donautal
REUTH
8
12
366
361
309
301
388
418
421
447
417
450
422
421
398
395
368
386
299
371
361
350
304
308
408
421
353
396
377
384
391
424
413
415
383
365
362
329
383
405

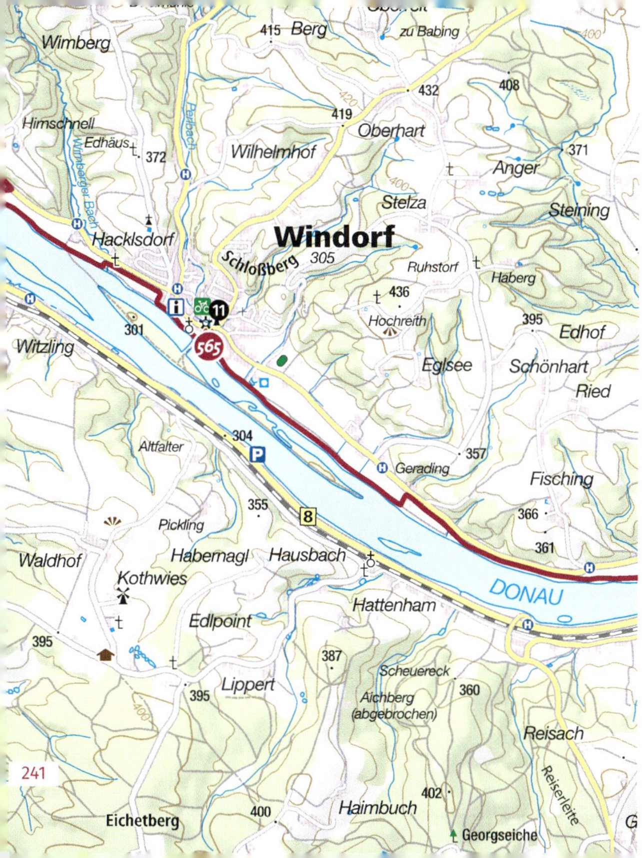

⓫ rechts über Brücke → sofort rechts zur Donau → dann links Donau folgen → links zur Straße St2125 → auf Radweg Straße folgen → Weg rechts zum Donauufer und Fähre Sandbach →

⓬ an Besensandbach vorbei → links an Straße → rechts auf Radweg an St2125 entlang → rechts halten am Ufer entlang nach Gaishofen → geradeaus über Irring nach Schalding links der Donau → Autobahnbrücke unterfahren zur St2125 → St2125 unterfahren über Gaißabrücke →

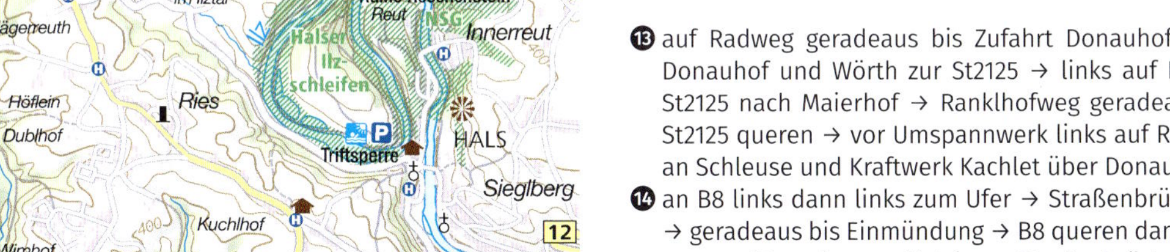

13 auf Radweg geradeaus bis Zufahrt Donauhof → links durch Donauhof und Wörth zur St2125 → links auf Radweg entlang St2125 nach Maierhof → Ranklhofweg geradeaus dann rechts St2125 queren → vor Umspannwerk links auf Radweg → rechts an Schleuse und Kraftwerk Kachlet über Donau →

14 an B8 links dann links zum Ufer → Straßenbrücke unterfahren → geradeaus bis Einmündung → B8 queren dann links auf Radweg an B8 entlang → Hatzinger Straßenbrücke unterfahren → entlang B8 Richtung Hauptbahnhof Passau → bei Haissengasse links B8 unterfahren (rechts zum Hauptbahnhof) →

15 an Donau rechts Straßenbrücke unterfahren →

16 auf Fritz-Schäffer-Promenade zum Rathaus Passau. → Ziel 10. Kapitel.

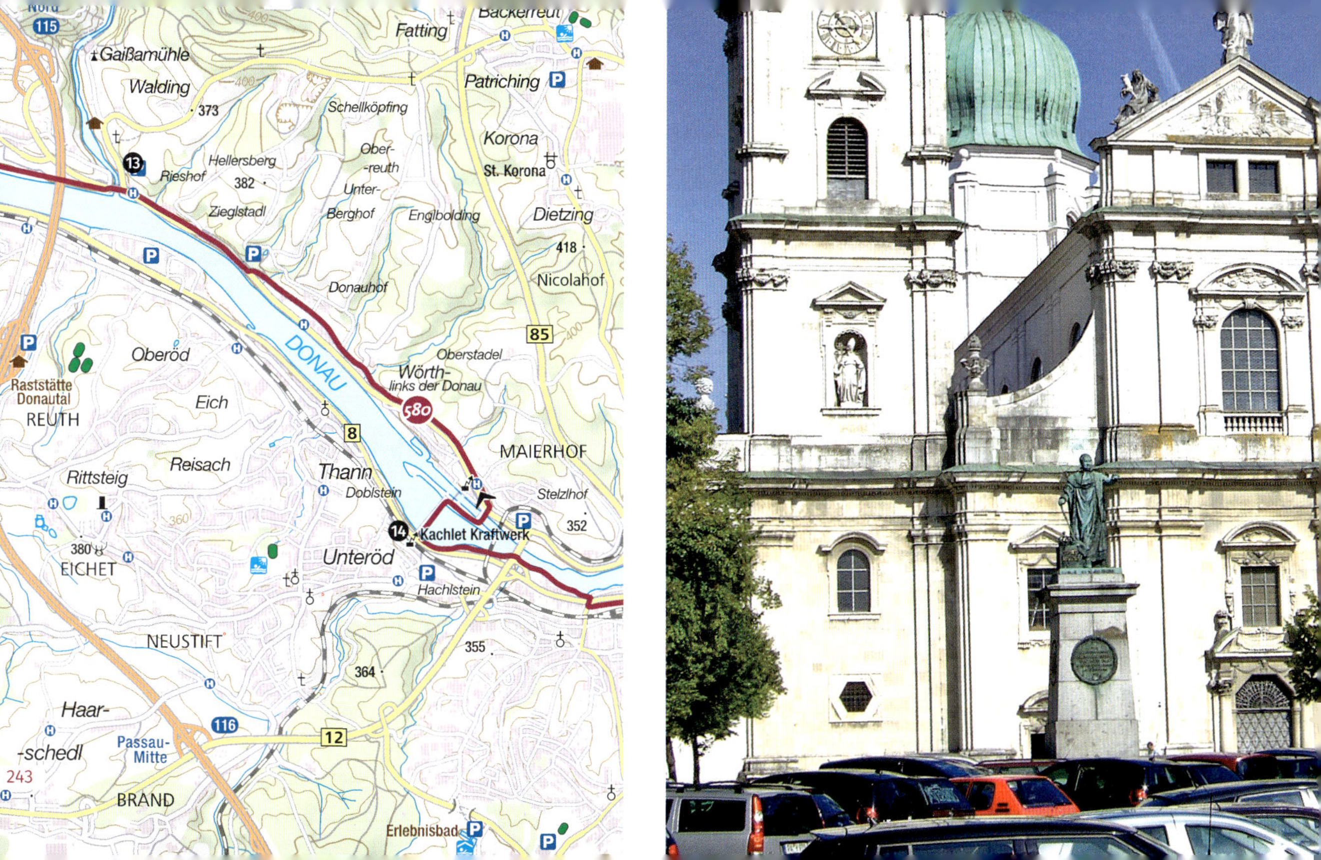
Gaißamühle
Walding
373
Fatting
Patriching
Schellköpfing
Korona
St. Korona
Ober-
-reuth
Unter-
Berghof
Hellersberg
Rieshof
382
Zieglstadl
Englbolding
Dietzing
418
Nicolahof
Donauhof
DONAU
85
Oberstadel
Wörth-
links der Donau
580
MAIERHOF
Stelzlhof
352
Oberöd
Raststätte
Donautal
REUTH
Eich
8
Reisach
Rittsteig
Thann
Doblstein
Kachlet Kraftwerk
Unteröd
Hachlstein
380
EICHET
NEUSTIFT
355
364
Haar-
-schedl
116
Passau-
Mitte
12
BRAND
Erlebnisbad

Zeit den Akku aufzuladen

Deine Radreise soll ein unvergessliches Erlebnis werden. Dazu gehört auch das Aufladen der Akkus sowohl von Mensch als auch Maschine. Verlässliche und aktuelle Informationen hierzu finden sich auf den Seiten der Tourismusverbände und Tourist-Information der Orte.

ANREISE & ABREISE

Donaueschingen kann man mit der Bahn wie auch mit dem Auto erreichen. Mit der Bahn dauert die Anreise von München aus etwa 4 Std., von Stuttgart aus etwa 2 Std. Für die Rückfahrt von Passau nach München müssen Sie etwas mehr als 2 Std. rechnen, bis nach Stuttgart etwa 4 Std. Die Bahn bietet in ausgewählten Zügen den Service der Fahrradmitnahme an.
Auskünfte über Zugverbindungen, Fahrpreise und Buchungen erteilt der DB Reise Service unter der Telefon-Nummer: **11861** rund um die Uhr. Oder aber über das Internet unter:
www.bahn.de/bahnundbike

Mit dem Auto erreicht man Donaueschingen von München aus über die A 96 Richtung Lindau. Ab der Anschlussstelle Sigmarszell fährt man auf der B 31 entlang des Bodensees zur A 98 nach Stockach. Am AB-Kreuz Hegau nimmt man AB 81 Richtung Stuttgart bis zur Abfahrt Geisingen und dann auf der B 31 nach Donaueschingen. Die Fahrzeit beträgt etwa 4 Std.
Von Stuttgart aus fährt man auf der A 81 Richtung Singen bis zum AB Dreieck Bad Dürrheim. Von dort über die AB 864 und die B 27 nach Donaueschingen. Plane ca. 2 Std. Fahrzeit ein.

ALTERNATIVE ZUM RADWEG

Bahn: Die Orte am Donauradweg sind bis auf wenige Ausnahmen mit der Bahn zu erreichen. Zur Erholung ist so die eine oder andere Etappe mit der Bahn zu machen.
Schiff: Eine „Seefahrt, die ist lustig" und eine Schifffahrt auf der Donau macht großen Spaß. Rundfahrten bieten Schifffahrtsunternehmen in Ulm, Kelheim, Regensburg, Straubing und Passau an. Linienverkehr auf der Donau gibt es zwischen Regensburg und Passau. Vielleicht tauschst du hier einmal das Rad mit dem Schiff. Aber mitnehmen solltest du es und das geht auf allen Schiffen. Zwischen dem Kloster Weltenburg und Kelheim, am Donaudurchbruch, wird der Donauradweg als Schiffspassage durch den Donaudurchbruch nach Kelheim geführt. Wer mit dem Rad nach Kelheim möchte, muss aus dem Donautal, rechts wie links des Durchbruchs, über die Höhenzüge radeln. Dabei sind rund 100 Höhenmeter zu bewältigen. Wer sich diese Mühe nicht antun möchte und dies ist empfehlenswert, sollte den atemberaubenden Anblick des Donaudurchbruches vom Wasser aus genießen. Die Schiffe verkehren in der Sommersaison täglich zwischen 10 und 18 Uhr.

ZENTRALE INFORMATIONSSTELLEN

Naturpark Obere Donau e.V.
Wolterstr. 16, 88631 Beuron, Tel. 07466-92800
www.naturpark-obere-donau.de

ARGE Deutsche Donau
Ottheinrichplatz A118,
86633 Neuburg a.d. Donau,
Tel. 08431-908330, www.deutsche-donau.de

Tourismusverband Ostbayern e.V.
Im Gewerbepark D02/D04,
93059 Regensburg,
Tel. 0941-585390, www.ostbayern-tourismus.de

Donaubergland Marketing und Tourismus GmbH
Bahnhofstr. 123, 78532 Tuttlingen, Tel. 07461-7801675,
www.donaubergland.de

ORTE UND TOURISMUSBÜROS

BAD ABBACH
Tourist-Info
Kaiser-Karl-V.-Allee 5
93077 Bad Abbach
Tel. +49 (0)9405/95990
www-bad-abbach.de

BAD GÖGGINGEN
Tourist-Info
Heiligenstädter Str. 5,
93333 Bad Gögging
Tel. +49 (0)9445/95750
www.bad-goegging.de

BEURON
Tourist-Info
Abteistr. 24,
88631 Beuron
Tel. +49 (0)74466/214
www.beuron.de

BOGEN
Tourist-Info
Stadtplatz 56,
94327 Bogen
Tel. 9422/505109
www.bogen.de

DEGGENDORF
Tourist-Info
Oberer Stadtplatz,
94469 Deggendorf
Tel. +49 (0)991/2960535
www.deggendorf.de

DILLINGEN
Tourist-Info
Königstr. 37/38,
89407 Dillingen
Tel. +49 (0)9071/54108
www.dillingen.de

DONAUESCHINGEN
Tourismusbüro
Karlstr. 58,
73166 Donaueschingen
Tel.+49 (0)771/857221
www.donaueschingen.de

DONAUSTAUF
Tourist-Info
Maxstr. 24,
93093 Donaustauf
Tel. +49 (0)9403/9552929
www.donaustauf.de

DONAUWÖRTH
Tourist-Info
Rathausgasse 1,
86609 Donauwörth
Tel. +49 (0)906/789151
www.donauwoerth.de

EHINGEN
Tourist-Info
Marktplatz 1,
89584 Ehingen
Tel. +49 (0)7391/503216
www.ehingen.de

ERBACH
Tourist-Info
Erlenbachstr. 50,
89155 Erbach
Tel. +49 (0)7305/96760
www.erbach.de

FRIDINGEN A.D. DONAU
Tourismusbüro
Am Kirchplatz 2,
78567 Fridingen
Tel. +49 (0)7463/8320
www.fridingen.de

GEISINGEN
Rathaus
Hauptstr. 36,
78187 Geisingen
Tel. +49 (0)7704/8070
www.geisingen.de

GUNDELFINGEN A.D. DONAU
Tourist-Info
Prof.-Bamann-Str. 22,
89423 Gundelfingen a.d.D.
Tel. +49 (0)9073/999118
www.gundelfingen-donau.de

GÜNZBURG
Tourist-Info
Schlossplatz 1,
89312 Günzburg
Tel. +49 (0)8221/200444
www.guenzburg.de

HÖCHSTÄDT A.D. DONAU
Tourist-Info
Herzog-Philipp-Ludwig-Str. 12,
89420 Höchstädt a.d. Donau
Tel. +49 (0)9074/4412
www.hoechstaedt-donau.de

IMMENDINGEN
Tourismusbüro
Schlossplatz 2,
78194 Immendingen
Tel. +49 (0)7462/24228
www.immendingen.de

INGOLSTADT
Tourist-Info
Tourist-Info Rathausplatz 2,
85049 Ingolstadt
Tel. +49 (0)841/3053030
www.ingolstadt.de

INZIGKOFEN
Bürgermeisteramt
Ziegelweg 2,
72514 Inzigkofen
Tel. +49 (0)7571/73070
www.inzigkofen.de

KELHEIM
Tourist-Info
Ludwigsplatz 1,
93309 Kelheim
Tel. +49 (0)9441/701234
www.kelheim.de

LAUINGEN
Tourist-Info
Herzog-Georg-Str. 17,
89415 Lauingen
Tel. +49 (0)9072/9980
www.lauingen.de

LEIPHEIM
Tourist-Info
Schlossplatz 1,
89312 Günzburg
Tel. +49 (0)8221/200444
www.leipheim.de

MENGEN
Tourist-Info
Hauptstr. 90, 88512
Mengen
Tel. +49 (0)7572/6070
www.mengen.de

MÖHRINGEN
Rathaus
Hermann-Leiber-Str. 4,
78194 Möhringen
Tel. +49 (0)7162/948220
www.moehringen.de

MUNDERKINGEN
Tourist-Info
Marktstr. 1,
89597 Munderkingen
Tel. +49 (0)7393/5980
www.munderkingen.de

NEUBURG A.D. DONAU
Tourist-Info
Ottheinrichplatz A11,
86633 Neuburg a.d.Donau
Tel. +49 (0)8432/55240
www.neuburg-donau.de

NIEDERALTEICH
Tourist-Info
Guntherweg 3,
94557 Niederalteich
Tel. +49 (0)9901/93530
www.niederaltaich.de

OBERELCHINGEN
Tourist-Info
Pfarrgässle 2,
89275 Thalfingen
Tel. +49 (0)731/20660
www.elchingen.de

OBERMARCHTAL
Tourist-Info
Hauptstr. 21,
89611 Obermarchtal
Tel. +49 (0)7375/205
www.obermarchtal.de

PASSAU
Tourist-Info
Bahnhofstr. 36, 94032
Passau
Tel. +49 (0)851/955980
www.passau.de

PFÖRRING
Tourist-Info
Marktplatz 1,
85104 Pförring
Tel. +49 (0)8403/1528
www.pfoerring.de

REGENSBURG
Tourist-Info
Rathausplatz 4,
93047 Regensburg
Tel. +49 (0)941/5074410
www.regensburg.de

RIEDLINGEN
Tourist-Info
Marktplatz 1,
88499 Riedlingen
Tel. +49 (0)7371/18312
www.riedlingen.de

ROTTENACKER
Tourist-Info
Bühlstr. 7,
89616 Rottenacker
Tel. +49 (0)7393/95040
www.rottenacker.de

SCHEER
Bürgermeisteramt
Hauptstraße 1, 72516
Scheer
Tel. +49 (0)7572/76160
www.scheer.de

SIGMARINGEN
Tourist-Info
Leopoldplatz 4,
72488 Sigmaringen
Tel. +49 (0)7551/106224
www.sigmaringen.de

STRAUBING
Tourist-Info
Theresienplatz 2,
94315 Straubing
Tel. +49 (0)9421/944307
www.straubing.de

TUTTLINGEN
Tourismusbüro
Rathausstr.1,
78532 Tuttlingen
Tel. +49 (0)7461/99340
www.tuttlingen.de

ULM
Tourist-Info
Münsterplatz 50, 89073 Ulm
Tel. +49 (0)731/1612830
www.ulm.de

UNTERMARCHTAL
Infozentrum
Bahnhofstr. 4,
89617 Untermarchtal
Tel. +49 (0)7393/2265
www.untermarchtal.de

VILSHOFEN A.D. DONAU
Tourist-Info
Stadtplatz 27,
94474 Vilshofen
Tel. +49 (0)8541/208112
www.vilshofen.de

VOHBURG A.D. DONAU
Tourismusbüro
Donautorgasse 5,
85088 Vohburg a.d. Donau
Tel. +49 (0)8457/9329869
www.vohburg-donau.de

WINDORF
Tourist-Info
Markplatz 23,
94575 Windorf
Tel. +49 (0)8541/962640
www.windorf.de

WINZER
Tourist-Info
Schwanenkirchener Str. 2,
94577 Winzer
Tel. +49 (0)9901/93570
www.winzer.de

WÖRTH A.D. DONAU
Tourist-Info
Rathausplatz 1,
93086 Wörth a.d. Donau
Tel. +49 (0)9482/94030
www.woerth-donau.de

IMPRESSUM

© KOMPASS-Karten, A-6020 Innsbruck (23.01)
1. Auflage 2023 Verlagsnummer 6913 ISBN 978-3-99121-520-2

Text & Bild (soweit nicht anders angegeben): Ralf Enke

Titelbild: Der Donauradweg zeigt sich von seiner schönsten Seite
(© Westend61 – stock.adobe.com)

S. 4/5; S. 132/133: © Martin Erdniss – stock.adobe.com
S. 6/7 oben; S. 30/31; S. 33; S. 38: © Stadt Donaueschingen, Fotograf Tobias Raphael Ackermann
S. 6/7 unten; S. 42/43: © Klaus Brauner – stock.adobe.com
S. 8/9 oben; S. 66/67: © Mustafa Kumaz – stock.adobe.com
S. 8/9 unten; S. 106/107: © Andy Ilmberger – stock.adobe.com
S. 10/11 oben; S. 118/119; S. 143: © Rudolf Balaska – stock.adobe.com
S. 10/11 unten; S. 56/57; S. 80/81; S. 94/95; S 140/141: © Sina Ettmer – stock.adobe.com
S. 12/13: © DisobeyArt – stock.adobe.com
S. 14/15; S. 16/17: © Ira Budanova – stock.adobe.com
S. 18/19: © rustamark – stock.adobe.com
S. 20/21: © YesPhotography – stock.adobe.com
S. 22/23: © dusanpetkovic1 – stock.adobe.com
S. 24/25: © Diamant Fahrradwerke GmbH
S. 26/27: © Pawel Michalowski – stock.adobe.com
S. 37: © Andreas Beck
S. 40; S. 92/93; S. 104/105; S. 117; S. 153: © VICUSHKA – stock.adobe.com
S. 45: © capturedestination sigmaringen, Christoph Düpper
S. 50/51: © Br. Felix Weckermann OSB
S. 51: © Naturpark Obere Donau
S. 52: © Mende
S. 54/55; S. 64/65; S. 77/78; S. 130; S. 139: © Niko Endres – stock.adobe.com
S. 58: © Gemeinde Herbertingen
S. 59: © Kath. Münsterpfarramt Zwiefalten
S. 60; S. 63: © Stadt Egingen (Donau)
S. 72: © Ulm/Neu-Ulm Touristik GmbH, Anna Beyrer
S. 73 oben: © Jrgen – stock.adobe.com
S. 73 unten; S. 77: © Philipp Röger für die Stadt Günzburg
S. 82/83; S. 86; S. 87: © Stadt Lauingen
S. 84; S. 112/113; S. 123: © Bayerische Schlösserverwaltung
S. 85: © Bayerische Schlösserverwaltung, Foto Bavaria Luftbild Verlags GmbH
S. 89: © Jan Koenen
S. 90: © Archiv Städtische Museen Donauwörth, Foto Stefan Sisulak
S. 96: © Neuburg an der Donau, Foto Bernhard Mahler
S. 97; S. 99: © Neuburg an der Donau
S. 98; S. 100; S. 101; S. 102: © Ingolstadt Tourismus und Kongress GmbH
S. 109: © Regensburg Tourismus GmbH, Fotograf Schneck
S. 114; S. 115: © Tourist-Information Bad Gögging ESK
S. 116: © Stadt Kelheim
S. 121; S. 125; S. 127 unten; S. 128: © Regensburg Tourismus GmbH
S. 127 oben: © Kurverwaltung Bad Abbach

Alle Angaben und Tourenbeschreibungen wurden nach bestem Wissen gemäß unserer derzeitigen Informationslage gemacht. Die Radtouren wurden sehr sorgfältig ausgewählt und beschrieben, Schwierigkeiten werden im Text kurz angegeben. Es können jedoch Änderungen an Wegen und im aktuellen Naturzustand eintreten. Radfahrer und alle Kartenbenützer müssen darauf achten, dass aufgrund ständiger Veränderungen die Wegzustände bezüglich Befahrbarkeit sich nicht mit den Angaben in der Karte decken müssen. Bei der großen Fülle des bearbeiteten Materials sind daher vereinzelte Fehler und Unstimmigkeiten nicht vermeidbar. Die Verwendung dieses Radreiseführers + Extratourenkarte erfolgt ausschließlich auf eigenes Risiko und auf eigene Gefahr, somit eigenverantwortlich. Eine Haftung für etwaige Unfälle oder Schäden jeder Art wird daher nicht übernommen. Für Berichtigungen und Verbesserungsvorschläge ist die Redaktion stets dankbar. Korrekturhinweise bitte an folgende Anschrift:

KOMPASS-KARTEN GMBH
Karl-Kapferer-Straße 5, A-6020 Innsbruck
www.kompass.de/service/kontakt